丹尼尔·李伯斯金

——建筑创作的艺术化表现

张 曼 著

中国建材工业出版社

图书在版编目（CIP）数据

丹尼尔·李伯斯金：建筑创作的艺术化表现 / 张曼著. -- 北京：中国建材工业出版社，2020.7
ISBN 978-7-5160-2992-3

Ⅰ. ①丹… Ⅱ. ①张… Ⅲ. ①丹尼尔·李伯斯金－建筑艺术－研究 Ⅳ. ① TU-867.12

中国版本图书馆 CIP 数据核字（2020）第 126337 号

内容提要

丹尼尔·李伯斯金以其深邃的创作思想和极具魅力的设计手法，正影响着年轻一代建筑师对待城市、建筑和文化的看法，也将影响未来世界的价值观与生活态度。本书以丹尼尔·李伯斯金建筑创作的艺术化表现为出发点，通过回归其艺术化表现的创作本源、凝练其艺术化表现的物态特征、评介其艺术化表现的手法张力，全面解析丹尼尔·李伯斯金试图构筑的奇想艺术世界，并穿插了建筑师对生命、家族、文化根源及对建筑这个行业的省思，以期对我国建筑创作的突破和创新有所借鉴。

本书适合建筑专业的师生及相关从业人员参考阅读。

丹尼尔·李伯斯金——建筑创作的艺术化表现
Dannier Libosijin——Jianzhu Chuangzuo de Yi shuhua Biaoxian
张　曼　著

出版发行：中国建材工业出版社
地　　址：北京市海淀区三里河路 1 号
邮政编码：100044
经　　销：全国各地新华书店
印　　刷：北京中科印刷有限公司
开　　本：787mm×1092mm　1/16
印　　张：13.25
字　　数：240 千字
版　　次：2020 年 7 月第 1 版
印　　次：2020 年 7 月第 1 次
定　　价：86.00 元

本社网址：www.jccbs.com，微信公众号：zgjcgycbs
请选用正版图书，采购、销售盗版图书属违法行为

举报信箱：zhangjie@tiantailaw.com　举报电话：（010）68343948
本书如有印装质量问题，由我社市场营销部负责调换，联系电话：（010）88386906

前言
PREFACE

1946年出生的犹太裔建筑师丹尼尔·李伯斯金（Daniel Libeskind），凭借对建筑意义的深层捕捉和表现，在20世纪五花八门的建筑格局中，闯出了一条极为独特的创作之路。他的建筑作品，回归地方、文化、种族、个人的历史，聆听石头的声音，讲述流动的时间故事。本书通过解析李伯斯金建筑创作的思想本源，凝练建筑作品呈现的美学特征，评介其善用的艺术语言及设计手法，试图阐释充满艺术奇想的建筑世界。

在李伯斯金构筑的奇想世界里，犹太血液的意识流动、音乐信念的灵感闪动、视觉文化的图文互动是他的文化触点；内向型观念、非具象表述、非理性思维是他的艺术独语；“非在”的存在性、有限的无限性是他的哲学主张。文化、艺术、哲学构成了李伯斯金的创作本源，并在彼此交织中迸发出艺术活力：流淌在血液当中的种族情节，使李伯斯金选择了一种含蓄晦涩的观念艺术作为捕捉建筑意义的主要手段，并以“非在”的哲学观点呈现出巨细靡遗的创作意识；音乐与绘画的专业熏陶，使李伯斯金热衷于在有限的非具象元素中生成无限的构成法则；作为时代的发声者，李伯斯金以非理性的思维模式，借助矛盾与复杂的创作思维，重新审视建筑的存在价值。

在李伯斯金的建筑作品中，充斥着的衍生门窗、交叉折线、复合表皮、几何体块等复杂形式，是他在变形艺术中追求的范式语言；借助界面、秩序与尺度，场所、路径与内容，气氛、情绪与时间等打造的复杂场域，是他付诸于过程性体验展现的空间品质；基于分形几何的自相似性、拓扑几何的异构联结、晶体几何的自治生成等呈现的复杂构式，是他在科学艺术中构建的美学体系。为探索一套符合21世纪时代精神的复杂范式，建筑形式成为建筑意义的衍生品，被推向非理性的极端；建筑空间成为展现建筑本质的媒介，弥散于空间之中的组织关系，成为阐释无限性、多义性的唯一语境，并最终与复杂形式达到绝妙平衡；建筑技术成为建筑观念实现科学转化的实施路径，极限、极致的异规法则成为他对逻辑明晰性与绝对理性的深层思考。

李伯斯金通过对建筑形式、空间与场域环境等物质形态的复杂塑形，展现他对当代建筑哲学的深刻思考；利用对艺术形式的抽象处理、空间形式的通感处理、场域环境的同化处理，将建筑发展成某种具备功能关系、情感投射或场域关联的思维载体；通过对创作载体的物象表达、形式意义的品质传统、存在语境的意向观照，使象征成为其建筑作品展现生命力的创作秘语。在这里，建筑、空间与环境互为包容、交叉，又彼此消解，形成一组复杂多元的破碎镜像；在这个自我镜像的背后，隐藏着非理性对理性的叛逆，物质塑形与非物质意识之间的冲突，这是一种机动性的创作模式，更是对矛盾性创作手法的最佳诠释，以及对生命、希望、自由等关乎人性永恒精神的象征性表达。

作为全球炙手可热的建筑师之一，李伯斯金主持完成、正在兴建或正在设计的建筑项目，遍布全球各地，涉及建筑的各个领域。在创作过程中，他坚持在建筑艺术上的观念性探索，在当代建筑思潮中找到属于自己的声音，并为当代建筑注入巨大活力。正如保罗·戈德柏格（Paul Goldberger）在《建筑无可替代》中所言："建筑给人带来的最大欢愉在于探索它能成为艺术的能力"，作为在建筑领域中不懈追寻艺术梦想的拾荒者，丹尼尔·李伯斯金（Daniel Libeskind）坚信：作为一门着重于现实的艺术，建筑应该可以"尽情地表现信念，集中地体现人性的自由、想象力和精神，它永远不应该自贬身价，降格成为技术、教育和金钱所提供的必需品"。他的建筑作品，常被冠以观念之名，追求当代建筑艺术富于情感与生命力的价值体现，并穿插了建筑师对生命、家族、文化根源及对建筑这个行业的省思，以期为当今的建筑创作提供参考和借鉴。

张　曼
2020 年 6 月

目录
CONTENTS

导 语　1

第一章　艺术化表现的创作本源　7

一、文化触点　8

二、艺术独语　24

三、二元哲学　39

第二章　艺术化表现的物态特征　49

一、变形艺术中的范式语言　50

二、奇想世界中的空间体验　71

三、复杂性形态的技术美学　90

第三章　艺术化表现的手法张力　111

一、“物质型”的塑形手法　112

二、“非物质型”的意识表达　135

三、“象征型”的媒介表达　150

结 语　173

参考文献　176

附录1　丹尼尔·李伯斯金作品年表　184

附录2　丹尼尔·李伯斯金所获荣誉与奖项　195

导 语

现代建筑的历史不仅是建筑自身物质意义上的，也是对其重新认识和争辩的历史（Kenneth Frampton，2004）。世纪之交，信息技术的迅猛发展，新材料、新技术的广泛应用，似乎使所有关乎建筑的设想都成为可能。新观念的建立、争辩和发展也促使这个时代的建筑师重新去认识建筑内涵，并使之转化成一个观念的战场。置身一场巨变当中，建筑学这门古老的学科掀起一股猜想奇观社会（Gay Debord，1967）[1] 的热潮。从弗兰克·盖里（Frank Gehry）的毕尔巴鄂效应（Bilbo Effect）到彼得·埃森曼（Peter Eisenman）的自足形式探索（Architecture Generating Theory），再到雷姆·库哈斯（Rem Koolhaas）的都市主义理论和实践（Void-Bigness-Genric Congestion），似乎每一位建筑师都散发着睿智的个性光辉，似乎每一个概念都是“奇观社会”的缩影。一股久违的争论之音响彻建筑领域。

作为本世纪最具才气也最善于玩弄理论玄虚的建筑师，丹尼尔·李伯斯金曾向世人宣告：现代性即告结束，人类理解现实的那种启蒙方式，伟大的苏格拉底和前苏格拉底式的那种观察世界的方式也即告结束。人类同世界关联的那种旧有的模式——这个模式被称为理性人类对非理性的荒诞的宇宙情景的反应模式——已经结束……以观念与艺术之名的非理性才是我的设计起点。

渴望在当代建筑思潮中找到属于自己声音的李伯斯金，坚持探寻建筑艺术上的观念性，思考建筑与城市之间的变化哲学，坚持以反理性、反逻辑、反体制的创作思维，探寻包裹在建筑形式下的无形观念。正是这种敢于探索、强调观念、直奔艺术前沿的勇气，使李伯斯金成为那种能真正激起人们阅读愿望的建筑师，并为当代建筑创作注入巨大活力。

2001 年，柏林犹太博物馆的开幕，使李伯斯金成为全球炙手可热的建筑师之一。这位库柏联盟建筑学院的高材生，不但精通绘画、文学、诗歌、数学等多个艺术门类，而且从小音乐造诣颇高，曾与小提琴家艾萨克·帕尔曼（Itzhak Perlman）共同获得“美国－以色列文化基金奖学金”。将音乐天赋逐渐移向建筑领域后，李伯斯金的建筑作品呈现出艺术家特有的情感与内涵表达。虽然在当下这个物欲膨胀、工业技术至上的时代，艺术——这个一度被奉为“天使都不敢轻易涉足的领域”，已经逐渐被沦落成一个商品超市，一个贩卖各种建筑观念的地方，但李伯斯金却是一位在建筑领域中不懈追寻艺术梦想的拾荒者。他坚信：作为一门着重于现实的艺术，建筑应该可以“尽情地表现信念，集中地体现人性的自由、想象力和精神，它永远不应该自贬身价，降格成为技术、教育和金钱所提供的必需品”[2]。李伯斯金一直希望能够开创一个属于自己建筑艺术的真空地带，并从观念出发，解释建筑、艺术与哲学之间的互动关系。

目前，李伯斯金主持完成、正在兴建或正在设计的建筑项目，遍布全球各地，涉及建筑的各个领域。此外，他还获奖无数，如 1996 年获得“美国艺术文化学会建筑奖”，1999 年因柏林犹太博物馆获得“德国建筑奖”，2000 年荣获“歌德勋章”，2001 年荣获“广岛艺术大奖”，2018 年因纽约世界贸易中心重建方案获得城市人居奖，等等。其中，“广岛艺术大奖”是颁予对促进国际文化交流及世界和平有出色贡献的艺术家，而李伯斯金则是首位获此殊荣的建筑师。

深受库柏联盟教育影响的李伯斯金，在 2005 年的自传中曾写道：“一个伟大的建筑，就像伟大的文学作品，伟大的诗歌和伟大的音乐，会告诉人们人类灵魂的故事，会以一个崭新的方式表达去改变这个世界，改变一代少年的想象力，唤醒人类心灵深处的天赋”[3]。本书的写作目的也正是希望通过解析李伯斯金建筑创作的思想本源，凝练建筑作品呈现的美学特征，评介其善用的艺术语言及设计手法，试图阐释他充满艺术奇想的建筑世界，以期对我国建筑创作的突破和创新有所借鉴。

1. 丹尼尔 · 李伯斯金的建筑生涯简述

1946 年，李伯斯金出生在波兰的罗茨，父母是“纳粹”大屠杀的幸存者。1957 年举家迁往以色列，从此开始学习音乐理论；后因获得“美国 – 以色列文化基金奖学金”而前往纽约继续深造，并于 1959 年定居纽约，1965 年成为美国公民。不久，他将艺术天赋转向了对建筑的学习。1970 年，他获得了美国库柏联盟建筑学院颁发的专业建筑学位，并于 1972 年最终获得英国埃塞克斯大学所授予的建筑历史和理论硕士学位。

多年来，李伯斯金一直致力于建筑理论研究和教育工作，不但受聘于多所院校的客座教授与荣誉博士，而且积极参与国际设计竞赛，并以其深邃的设计观念赢得广泛赞誉。德国柏林犹太博物馆国际竞赛一等奖，纽约世贸中心重建计划设计比赛冠军，更促使李伯斯金成为当下炙手可热的建筑师之一。而追溯他的建筑创作生涯，不难发现其骨子里那充满音乐热情的浪漫情怀，以传道授业为己任的学者气息以及乐于捕捉建筑意义的极致追求，这成为李伯斯金最具艺术色彩的三大人生标题。

2. 音乐也建筑

六岁就开始学习手风琴的李伯斯金，是一位极具天赋的音乐神童，他不但精通各种音乐，而且还时常在更改乐曲中获得自娱自乐的消遣。李伯斯金曾在多个场合中公开表示音乐对他建筑创作的影响，并坚称："艺术之间是相互贯通的……音乐为我的建筑创作开辟了一条更为广阔的艺术之路。"凭借深厚的艺术修养以及敏锐的审美触角，李伯斯金成为当代建筑界少数能给自己作品打上一个可识别"烙印"的建筑师。

在早期的建筑创作中，李伯斯金十分注重抽象形式的艺术化表达，常以复杂多变的组合形式探究建筑语言的深层含义：他喜欢在绘满五线谱的图纸上恣意地勾勒出心中的意念，因为在这种理性与激情的碰撞中，会使他激发出"一种难以理解的直觉"；他从不排斥将自己的情感纳入到创作之中。在艺术面前，他永远是一个"着迷的观察者"、一个"困惑的参与者"，将建筑的生命呈现出来，就是他的责任。1978 年至 1986 年完成的"微显微""拼贴画谜""室内音乐"等系列研究，便是对李伯斯金早期艺术创作的最佳诠释。

在随后的时间，李伯斯金已不满足于将艺术思想仅仅局限在图纸之上，并相继开展了"建筑的三个教训""米兰三年展：无墙的房子"等实验活动，并最终在 1990 年创办了自己的工作室，这标志着李伯斯金正式踏上建筑创作之路。1998 年德国欧斯纳布吕克努斯包姆美术馆的落成，更使李伯斯金彻底地摆脱了"音乐狂想家"之名，成为一位名副其实的建筑设计师。

3. 学者也疯狂

李伯斯金曾说过："在一个混沌的世界里，建筑应该有所表现、有所稳定，也应该有所指向。"[3] 他认为建筑师应该具有某种传道士的精神，以悲天悯人的博大情怀，将改变社会的思想视为使命。他将自己定位成一名研究型的学者建筑师。

李伯斯金曾在多所大学讲授建筑历史与理论的相关课程，并借此帮助人们意识到在建筑中一种介于过去、现在与未来的三者联系，希望通过建筑来表达对历史延续性和永久性的概念。例如他在早期开展的"建筑的三个教训"等实验活动，就是以全局性的眼界将建筑因素与非建筑因素同时纳入到建筑创作之中，从而扩大建筑的势力范围，使建筑本身蕴含更为丰富的思想寓意。

同时，李伯斯金又致力于哲学思想的研究，并将晦涩难懂的情感观念倾注于建筑创作之中。他的建筑作品常被视为某种观念的产物，一种包含着深层哲学思考的综合体验。在 1987 年的柏林“城市 · 边缘”实施竞赛中，他的艺术观念就来源于数学和哲学反思，那折线构图的根源之一就是计算机逻辑推演所蕴藏的数理原理。而在波茨坦广场投标展中，李伯斯金更是将他对数学的逻辑性和精确性以及哲学的神秘性发挥到了极致，最终使其超脱肤浅的建筑形式，转而成为一种观念艺术的载体。

可以说，作为一名研究型的学者建筑师，李伯斯金的建筑作品并不是很多，但是这并没有撼动他世界级建筑大师的地位。近年来，他俨然成为建筑领域中的风向标，并逐渐成为年轻设计师所推崇的偶像。因为在李伯斯金的艺术世界里，我们不仅可以看到前卫、丰满的建筑形象，还可以感受到他那富于哲学思辨的、情感丰富的艺术思想。

4. 拾荒者

音乐中的激情与浪漫、学者身份的严谨与理性，将李伯斯金定义为一名在建筑领域中追寻艺术梦想的拾荒者。李伯斯金曾宣称：建筑应由观念而生，并以抽象化、艺术化的创作手法最终使其还原到不可复制的观念中去。因此，在柏林犹太博物馆的设计方案中，他看到了战争中犹太人民的三种命运；在纽约世贸中心的重建方案中，他又触摸到埋藏在地底岩床的生命脉动……在这些看似虚无缥缈的观念背后，人们感受到建筑所要讲述的情感故事。置身其中，每个构件都能触动观者的心弦，与人们进行着心灵上的互动。

2001 年落成的柏林犹太博物馆可以说是李伯斯金在这片艺术试验田中收获的第一个果实。在这之后，2002 年曼彻斯特帝国战争博物馆、2003 年芭芭拉 · 魏尔工作室、2004 年伦敦都市大学研究生中心和丹麦犹太人博物馆、2005 年意大利卢斯“9 · 11”备忘录、2006 年丹佛美术馆新馆、2007 年皇家安大略博物馆、2008 年罗布林之桥住宅楼、2009 年德国德累斯顿的军事历史博物馆扩建、2010 年 18.36.54 住宅、2011 年新加坡吉宝湾的映水苑住宅、2012 年柏林犹太博物馆学院埃里克 · 罗斯大楼、2013 年杜塞尔多夫 Kö-Bogen 商业中心、2014 年俄亥俄州州议会大厦广场的大屠杀纪念碑、2015 年米兰世博会万科企业展馆、2016 年英国杜伦大学的奥格登中心、2017 年加拿大渥太华的国家大屠杀纪念碑、2018 年 MO 现代美术馆、2019 年肯尼亚人类历史博物馆……，每一座落成的建筑都成为全世界瞩目的对象，这不单是李伯斯金的成功，还是千万个敢于追寻梦想、拥有执着信念的建筑从事者的成功。

52岁才拥有第一座建筑作品的李伯斯金，他所经历的窘境不是常人所能想象的。是什么样的力量使他义无反顾地选择了这样一条崎岖难走的艺术之路，我们不得而知。据说，李伯斯金总是随身携带《圣经》《逻辑学》等哲学论著，也许在《圣经·希伯莱书》开篇所提到的“信就是所望之事的实底，是未见之事的确据”就是对他建筑生涯作出的精辟解答。

注释

[1]［美］威廉·J·米切尔著，范海燕．比特之城[M].范海燕，胡泳，译．北京：生活·读书·新知三联书店，1999（12）：102.
[2]［美］里伯斯金．个人宣言[J]. ARCHITECT. 2005（12）：76.
[3]［美］丹尼尔·李伯斯金．光影交舞石头记——建筑师李伯斯金回忆录[M].吴家恒，译．香港：时报文化出版社，2006（1）：257.

第一章

艺术化表现的创作本源

一、文化触点

追溯建筑作品的创作本源，存在两个层面的解读，一是充溢于创作者周围的文化，二是创作者个人的贡献，亦即他的艺术。

在社会学词典中，文化被定义为人类在社会发展过程中所创造的物质财富和精神财富的总和[1]。它可以是一种思想结果，一种理论观点，也可以是一种思维体系，甚至是一种理念，并常被划分到意识范畴中，表明其不确定性。作为文化的意义载体，艺术则成为限定文化范畴的唯一指南。它不但能够再现文化想要信仰的事物，同时又能以一种自由、纯粹的创作活动铸造事物价值，并冠以特有的文化特质。

想要透析一位建筑师的创作风格，势必要透过艺术的外衣，探究其文化本源。李伯斯金所推崇的生活方式，是他在各种结构、意识和行为举止中所呈现出来的社会信仰、态度和倾向，将牵涉到种族、教育环境和时代影响三方面。

1. 犹太血液的意识流动

1946 年，处于一个动荡不安的年代，李伯斯金出生在波兰一个普通的犹太家庭，灰色成为他童年记忆中主色调，生活让他过早地接触到生命的脆弱和无奈，并深刻地洞悉到生命与死亡的含义。柏林犹太博物馆（Jewish Museum Berlin，Berlin，Germany）的寂静空灵（图 1-1、图 1-2），加拿大国家大屠杀纪念碑（National Holocaust Monument，Ottawa，Canada）的沉思回忆（图 1-3），纽约世界贸易中心重建方案（Memory Foundations，World Trade Center Master Plan，New York，USA）中地底岩床的深层触摸（图 1-4）……李伯斯金的每一个建筑作品都承载着沉重的生命主题，掺杂着流淌在他犹太血液中对真理与人性的追求。

1）煽情夺标

“我来到遗址处，默默地看着梭巡的人群，感受它的力量，聆听它的声音，在这个象征民主持久和生命个体价值的地方……我们需要进入这处圣地，一个空冥的精神场所。”[2]1959 年，李伯斯金在父母的带领下来到美国。这个给予他希望的第二故乡，使他明白了希望、民主与自由才是这个世界的本来面目。因此，在被

图 1-1 柏林犹太博物馆室内天井

图 1-2 柏林犹太博物馆室内展厅

炸毁的纽约世界贸易中心废墟上，他触摸到的是不仅仅是死亡的悲怆，更是一股无法消除、不可抵挡的生命脉动。他坚信：公共建筑就是一场政治活动，建筑师应该具有正视历史的良知[3]。这种信念鲜活地烙印在李伯斯金的犹太血液之中，

图 1-3　加拿大国家大屠杀纪念碑沉思空间 [4]

图 1-4　纽约世界贸易中心重建方案地底岩床遗址 [5]

并作为一种煽情夺标，呈现在各种沉重的历史主题当中。

2）种族情节

身为一名犹太裔的建筑师，李伯斯金十分珍视他的民族文化，尤其是对犹太神秘主义（Jewish Mysticism）十分着迷。这种源自16世纪中欧的思想，以“释放灵魂，解开捆绑人类的绳结”为主题，推崇“剥离生命的本体，真正面对生命”的追求，并创造了一种字母组合学（Hokhmath ha-tseruf），即借助字母及其外形沉思的指导方法，组合单个字母，而字母本身却没有意义，它们只有在相互组合的活动中产生“理性的真理”。这种充满灵性的语言字母，成为李伯斯金建筑创作中最根本的灵魂主体和最深奥的理解与知识成分[6]。

在圣弗朗西斯科当代犹太人博物馆建筑设计方案中（Contemporary Jewish Museum，San Francisco，California，USA），李伯斯金以犹太神秘主义最有名的神话故事“人造假人”为设计背景，提取“chai”中的两个希伯来字母，组成新词L’Chaim（面对生命），并将其作为创作宣言，寄予“生命之源和纪念馆的形式”的双重含义。李伯斯金将这个词的的笔画转化成一个三维的混凝土结构形式，并将希伯来文的第八个字母写成一种“非常人性化”的字体，旨在最终落成的建筑上提醒观者：圣弗朗西斯科当代犹太人博物馆的外形不但是一个特殊的希伯来字母，更是一个充满希望、肯定生命的精神载体（图1-5）。

3）死亡跳板

对生命与死亡的深刻领悟，让李伯斯金相信建筑是一种可以寻求记忆的暗流，一种无理性、超乎任何美学或道德的艺术形式，一种可以自我治疗的空间体验，一种自我宣泄的情感突破口。在他的作品中，李伯斯金不断尝试将虚拟与真实之间界限变得模糊，将现实观念与人的本能和潜意识甚至是梦的经验相互糅合起来，并以最原始的设计冲动将某些原本相互矛盾的概念生冷冰硬地碰撞在一起，即使是生命与死亡。

建筑是一幕乐观主义的戏剧，遗址不能成为埋葬死者的坟地[8]。在描述纽约世界贸易中心重建方案时（Memory Foundations，New York，USA），李伯斯金解

图1-5 当代犹太人博物馆[7]

图 1-6 重建方案中的遗址展示

图 1-7 重建方案中象征生命与希望的“光之楔”

释道:“我们需要一个戏剧性、出乎意料、有灵性的深刻透视，来看待伤害、悲剧与失去的东西。我们需要能带来希望的作品。”[9] 他将注意力转移到“生命的再生”，并强调“纪念死亡的事物和纪念生命的事物之间并没有本质的区别”。因此，他将原建筑的倒塌定义为死亡，又将死亡转化为建筑，进而将其再生过程设计成纪念碑，以此来纪念自由、希望、信仰——那些仍然笼罩在此地的人性力量（图 1-6，图 1-7）。

李伯斯金的建筑作品，回归地域、文化、族群和个人的历史，他以独特的视角捕捉、表达个人的想法与情感，从而使那些看似僵硬、没有生气的结构拥有启发的力量甚至是疗伤的力量。虽然他认为自己是一个“流浪的犹太人”，但是却一直努力寻找属于自己故乡的建筑精神。那份独属于犹太血液的执着，使李伯斯金在他的建筑作品中，创造出一片既属于自己又能产生情感共鸣的冥想场域。

2. 音乐信念的灵感闪动

受从小学习音乐、接触绘画的影响，李伯斯金认为建筑不只是看，而且是能够听到声音和脚步声的回响，以及能够感受世界的“乐器”，没有音乐的建筑只不过是瓦砾的山[10]。为在建筑与音乐之间找到契合点，李伯斯金直接或间接地将音乐元素转化为一切可以利用的设计语言。抽象、晦涩的艺术形式虽然常给人以一种难以理解的陌生感和复杂感，但若将其还原到音乐或绘画的语境中，设计者所赋予的深刻寓意便昭然若揭，并具备一种引导观者产生情感共鸣的巨大力量。

1）与文字“争锋”

李伯斯金早期的建筑研究仅停留在书面上，被称为“手写物”，代表“以多种声音同时发声”。1983 年完成的室内乐（Chamber Works）系列研究，已能够反映出李伯斯金试图将建筑视为一种不断变化的运动过程，创造“介于过去和未来之间的一个指示”的设计理念。室内乐，又称为非根源性符号，共 28 张，每张图都被大量繁密的线条所充斥着，每一种线型指向一种乐器：直线的、点式的线代表钢琴；细曲线的、繁密的线象征小提琴；粗的、移动缓慢的线隐喻大提琴。一张图纸可以看作上述几种乐器共同演奏的一篇乐章，而图纸上的图示则是乐器运动留下的轨迹，即声音在空间中的轨迹（图 1-8，图 1-9）。

图 1-8　室内乐设计手稿（一）[11]

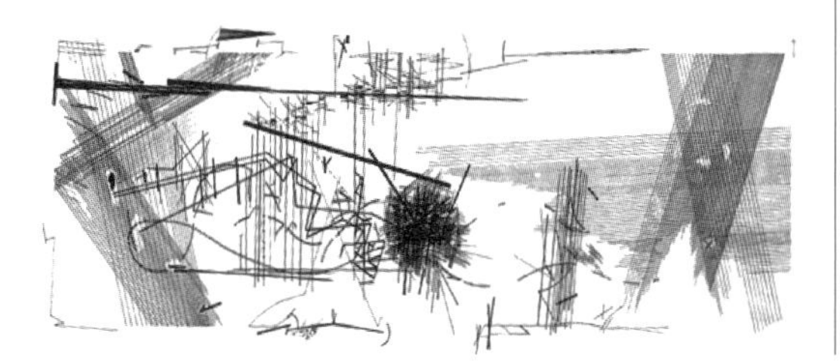

图 1-9　室内乐设计手稿（二）[12]

李伯斯金的三个机器也被称为“关于建筑的三堂课”（Three Lessons in Aechitecture：The Machines，Cranbrook Academy of Art，Michigan，USA）。这三堂课意在反思建筑在不同社会、文化、历史语境下的变革。不同于固有印象中建筑该有的样子，这组作品走出了楼和房子的形态，化身为机械，重新建立与人之间的关系和互动。三种机械形态——阅读的建筑（Reading Architecture）、记忆的建筑（Remembering Architecture）、写作的建筑（Writing Architecture）（图 1-10 ～图 1-12），引用了历史时间线上文学、宗教、哲学、技术等无数的思想的变迁、形象和模型。李伯斯金称其为“一场对于建筑历史命运的追忆，一次没有预见的归乡”[13]。

2）音乐欲在弦外

将对音乐信念的理解灌输到建筑作品中是李伯斯金坚持不懈的努力与尝试。他坚信：一般人听音乐时，并不是在听马尾毛跟羊肠线的摩擦而已，也不是听羊毛制的音槌在金属上发出的声音；他们听的是小提琴或钢琴。即使分析了和弦及声音的震动，音乐欲在弦外，乃是不可理解的神秘[9]。

作为音乐戏剧最重要的因素之一，接受美学（Reception Aesthetics）[15] 常被李伯斯金运用到建筑创作的感知过程中。参考 M·里法泰尔（Michael Riffaterre）分析人对一首诗的接受过程，李伯斯金试图赋予观者以紧张、惊奇、失望、冷嘲和滑稽的建筑体验感知，即一种能够不断改变心理感知过程的“陌生感”。

在介绍都柏林大运河表演艺术中心和商业街设计方案（Bord Gáis Energy Theatre and Grand Canal Commercial Development，Dublin，Ireland）时，李伯斯金曾解释过“这种陌生感不是观者对于语言或是故事的陌生，而是对比例的陌生。抬头看一座伟大的建筑，没办法客观地说有多大或者是什么颜色，甚至说不上是用什么建造的。没有一部分是可以客观衡量的，不可言喻、莫测高深”。[9] 他将表演中心设计成一个比例失调的“舞台”，商业街就成为一个开放的空间剧院：没有比例、没有方向，甚至没有室内外之分。传统的空间、形态、结构全部消失不见了，人成为这个开放空间的绝对主角，他们“既是一个着迷的观察者、又是一个困惑的参与者”，人类活动赋予了这个空间新时代的设计主题（图 1-13）。

一座建筑仅依靠“陌生感”还是不够的，它还需要观者在情感上的共鸣，李伯斯金将之称为观众的贡献。这种与观众的“互动性”便需要建筑以开放性姿态，迎接并容纳观者在各种期待、假定和策略中带给建筑的刺激性反应，以及观众与建筑活动之间形成的创作性互动，反馈给观者的心理感受，还有观者又将何种反应作用于建筑的全过程。

图 1-10 阅读的建筑 [14]

图 1-11 记忆的建筑 [14]

图 1-12 写作的建筑 [14]

图 1-13　都柏林大运河表演艺术中心[16]

作为一个连接 18 世纪网格和中世纪城墙城市的文化门户，坐落在“欧洲文化之都”立陶宛首都维尔纽斯市（Vilnius）的 MO 现代艺术博物馆（MO Modern Art Museum，Vilnius，Republic of Lithuania），以开放的姿态激发城市的艺术生命力，独特的地理位置又强化了连接历史与未来的“文化大门”角色。借助公共走廊从中间楼层穿过，看上去简单且规矩的方盒子被分割成两个三层高的几何体，并结合北侧入口形成的巨大悬挑屋檐，创造一个“广泛”的艺术场所，即一个市民享受艺术和城市精神的绝佳社交空间（图 1-14，图 1-15）。

伟大的诗人或是音乐天才在大众面前显出庄严的神态，亦即一种预言家和宗教奠基人的模样，一种对世界观现状负有责任的政治家的威严姿态，这是引人注目的现象（José Ortega y Gasset，1925）[18]。李伯斯金也认为建筑师必须具备一定的良知，并相信建筑不应该只是提供人们居住的机器或是任人观赏的艺术品，它应该具备更高层次的作用，即探讨人性最深层的问题。建筑只有作为一种重要的人类追求，才会得到自身的确证和尊严。建筑、人性、社会成为其建筑作品中密不可分的三个子集。

意大利帕多瓦卢斯备忘录（Memoria e Luce，9/11 Memorial，Padua，Italy）是一座为纪念“9 · 11”受害者而建造的碑石性雕塑（图 1-16）。其形态犹如一本发光开启的“书”，象征着“自由之光照亮整个诗书”的深刻主题。碑石上面的每一个细节都具有特殊的政治含义：将在“9 · 11”事件中抢救下来的横梁安置在“书”的左侧，作为开启记忆的钥匙；将纽约的纬度当作垂直铰链并连接到帕多瓦的中心；不同颜色的光分别象征着不同历史事件的日期，包括 9 月 10 日、12 月 31 日、1 月 1 日、4 月 25 日和 7 月 4 日等。这一系列的象征手法的运用，正是李伯斯金政治思想得以完美演绎的决定性因素。

图 1-14　MO 现代艺术博物馆设计草图 [17]

图 1-15　MO 现代艺术博物馆外景 [17]

图 1-16　卢斯备忘录，2005[19]

音乐和建筑都是重要的艺术门类。它们之间有着太多的共同点（表情性、时间性、空间性和抽象性）等着建筑师去挖掘。李伯斯金凭借深厚的艺术素养，成为建筑领域中最具艺术气息的建筑师之一。

3. 视觉文化的图文互动

信息爆炸和知识爆炸充斥着当代人的精神世界。面对社会的急速发展，传统意义上的建筑机制已经轰然倒塌：形象取代了事物本身，物化已经达到了一种完美的地步；建筑也不再是晦涩难懂的高雅艺术，它已经成为某种视觉媒介，向人们传递着它所表达的图文讯息[20]。作为对时代需求的回应，速度、改变、危机，这三个信息时代的显著特征，被李伯斯金纳入到建筑创作中，旨在与时代产生一种文化上的互动。

1）速度

商业娱乐性建筑所传递的信息是：建筑是一件商品，它所传达的是一种通俗文化，并由于“娱乐媒介巨大的增长，逼迫着自主的艺术经历了一系列激进的自我变化”[18]。在高度发达的消费信息社会中，该类建筑不再具有永恒的艺术价值和意义。但李伯斯金却一直执拗地在艺术与通俗之间徘徊，力图将艺术变成信息化社会的“斗士”。

米高梅电影公司幻想城市中心方案（Crystals at Citycenter，MGM MIRAGE CityCenter，Las Vegas，Nevada，USA），造型奇异的高层建筑及随意堆砌的底层裙房本身就是一种传递信息的广告媒介（图 1-17 ~ 图 1-19）。每座高层建筑的造型均源于电影制片中的一些设施构件，这些放大化、抽象化的电影元素在李伯斯金笔下形成了一组可视、可感的城市幻想。底层裙房在令人匪夷所思的形态冲撞中，释放出爆炸状的态势，仿佛在表皮背后存在着一股势不可挡的能量，冲击着每一个角落。这些散乱的低层裙房还被大量的绿化场地包围，它们或拥挤或分离，

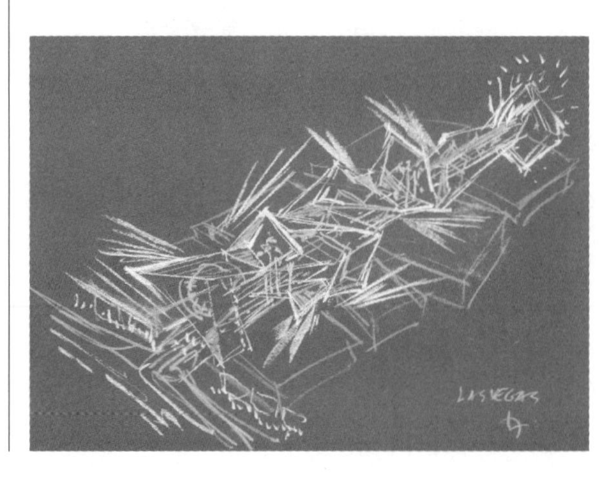

图 1-17　米高梅电影公司幻想城市中心设计草图（一）[5]

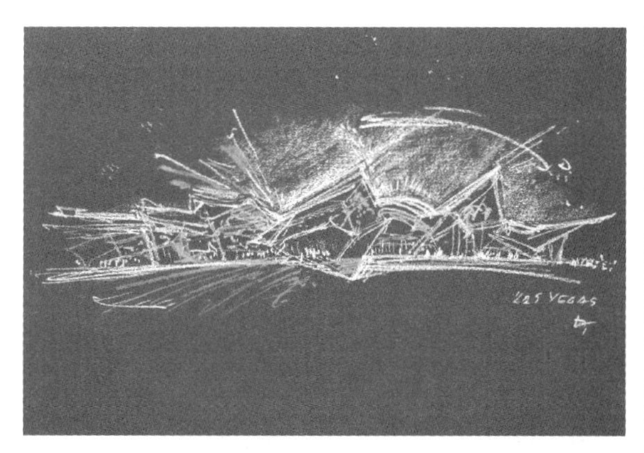

图 1-18 米高梅电影公司幻想城市中心设计草图（二）[5]

图 1-19 米高梅电影公司幻想城市中心裙房[21]

没有一个重复的区域。李伯斯金仿佛是一个空间魔术师，挑战着建筑结构的界限状态，也挑战着人类的心理极限。

为借助一种纯粹的“刺激”来吸引消费者（观赏者）的眼球，加拿大多伦多L塔索尼表演艺术中心方案（L Tower & Sony Centre，Toronto，Canada）以一个硕大的“L”形体量作为建筑的造型主题。而为减弱建筑的生硬感，李伯斯金将塔顶和拐角处做柔化处理，并在底部收尾处做减法处理，使整座建筑显得轻盈而圆润。另在建筑底部进行了处理，以一个诺大的圆形玻璃幕墙体作为整个建筑形象的构图中心，并添加了一些斜向元素进行切割，呈现某种不稳定感和飘浮感。其怪异的视觉形象、完美的广告效应，使之“在多样化和充满活力的城市环境中发出了令人兴奋的新场所感”（图 1-20）。

2）改变

第二次世界大战结束后的 50 年间，从机械模式到电子模式的转变，或许深刻地影响了建筑领域，而这种影响最直接地体现在建筑“图底关系”的转变上（Peter Eisenman，1990）[22]。图底关系，是格式塔心理学（Gestalt Psychology）引入建

图 1-20　索尼表演艺术中心 [5]

筑设计中一种分析图解的基本方法，强调在整体的抽象中去寻求变化的含义，以分析城市与空间、空间与结构的关系 [23]。信息时代，超量的信息流动造成图底关系界限的模糊，李伯斯金更是在设计中将建筑与环境的重要性提升到相同的高度，从而改变人们对建筑与城市关系的过时解释。

米兰 Citylife 总体规划设计（Citylife Master Plan，Milan，Italy），是一个集办公、居住、商业、博物馆、公园、休闲于一体的时尚城市综合体（图 1-21 ~图 1-23）。因地处城市核心位置，李伯斯金从城市的肌理入手，试图创造出与米兰文化和历史文脉形成一种全新的“图底关系”，通过注入城市文化内涵，将其打造成米兰人的梦想之地、渴望之地、荣誉之地，并最终形成新的城市秩序。

图 1-21　Citylife 总体规划总平面 [14]

图 1-22 Citylife 总体规划商业建筑

图 1-23 Citylife 总体规划住宅建筑

作为对技术改变最佳的诠释，现代发展有限公司立面改造（Facade for Hyundai Development Corporation Headquarters，Seoul，South Korea）选取一个直径为 62 米的巨型圆环控制整个构图，内部充斥着红、白两组直线以及 8 个红色矩形结点。直线代表连接天空和地球的无线电矢量，相交的斜线根据时间的不同会产生不同的光影变化。另在建筑左侧斜向插入一条指向天空的巨型柱，并与柱立面上的圆环相切，形成一种“未经加工的圆与经过技术处理的线之间的视觉撞击”。整组立面造型时代感极强，就像一个微型的太空集中箱，具有极为强烈的视觉冲击力，展示着神秘的未来气息（图 1-24 ～图 1-26）。

图 1-24 现代公司立面改造效果示意图[14]

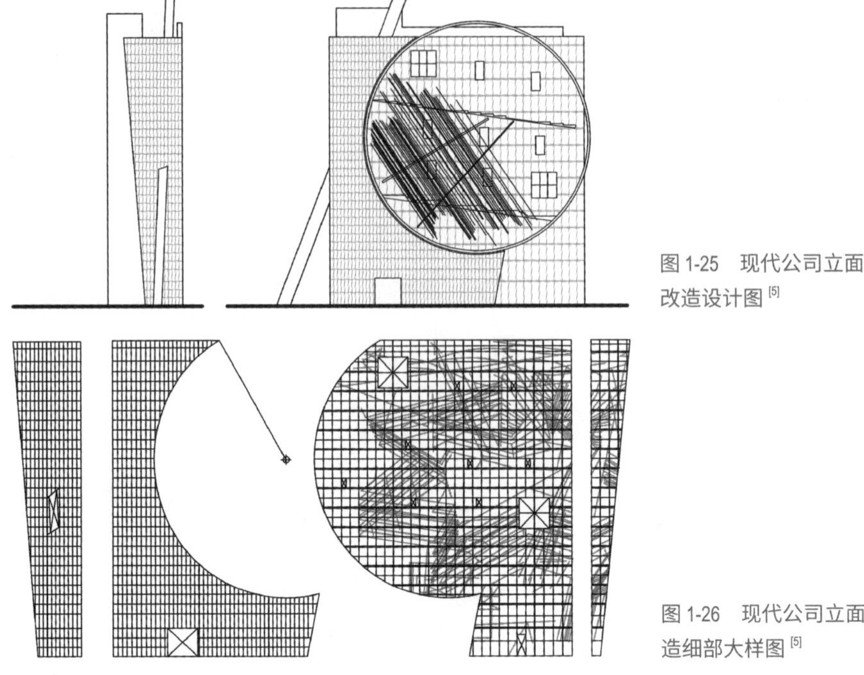

图 1-25　现代公司立面改造设计图[5]

图 1-26　现代公司立面改造细部大样图[5]

3）危机

世界永远都会受到两种威胁：秩序与混乱（Paul Valery，1940）。哲学意义上，人类社会中的“秩序”和“混乱”的平衡是永远无法彻底打破的。信息时代，社会以交叉、带有跳跃性的方式不断发展，人们得到前所未有的刺激感与满足感，但这种“加速度”的发展方式也将人类引向了另一种极端——恐惧，人类陷入了一种空前的自我膨胀和恐惧的矛盾之中。在视觉文化的巅峰时刻，李伯斯金以他的建筑语言唤醒人们的危机意识，对抗混乱，创造新的世界秩序。

在英国曼彻斯特帝国战争博物馆（Imperial War Museum North，Greater Manchester，England）项目中，李伯斯金以“秩序与混乱”为主题，强调威胁世界的两种绝对因素。该组建筑通过操纵严格的总体和混乱的活动之间的路线，反映了某种正在进化的形象，即深度的民主参与、提供交流的机会和教育培养。另以“被粉碎成碎片并充满冲突竞争的现代世界”为切入点，将这些历史的碎片或痕迹聚集起来，并向外延伸，形成一种全新的景观环境。这种全新的阐释角度，赋予这座建筑以更深刻的主题，即为当地带来新的生活方式和秩序，同时更深刻地揭露出身处信息社会，人们在思想、观念上的转变（图 1-27，图 1-28）。

信息时代赋予李伯斯金超乎想象的思维模式，也为他提供了无限的理论与技术支撑。建筑的时代性也将李伯斯金对待时代、对待社会的态度以最直接的方式呈现在公众的面前，并将其晦涩难懂的艺术独白转译成时代背景下的文化解析。

图 1-27 曼彻斯特帝国战争博物馆外景

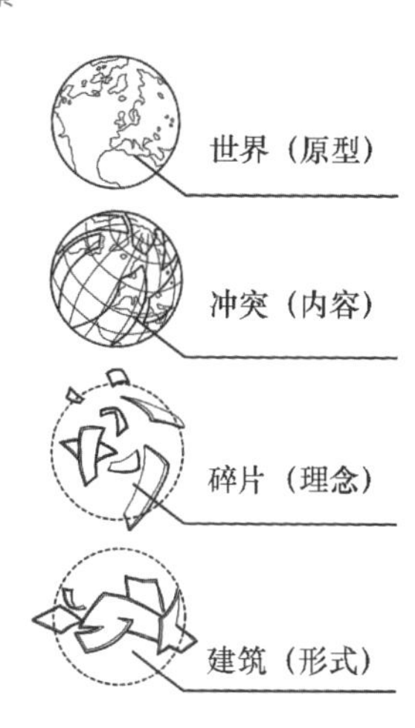

图 1-28 概念构思示意图 [5]

二、艺术独语

一种文明可以造就两种不同的东西，如巴尔扎克（Honore de Balzac，1799—1850）的小说与伊夫·蒙当（Yves Montand，1921—1991）的法国香颂音乐歌曲（Chanson），米勒（Jean-Francois Millet，1814—1875）的画作与《时尚》的杂志版面（图 1-29 ~图 1-31）。从表面上看，它们同属一个文化秩序，但却并无关联：

图 1-29 《幻灭》封皮[25]

图 1-30 Chanson 胶片封皮[26]

图 1-31 采摘者[27]

艺术构成一个具有独立价值的领域，艺术的本质是独创的，只有通过个体才能实现。20 世纪末是一个万花筒式的社会，一场带有批判性、对抗性和激进性的艺术变革正在建筑领域中迅速地安营扎寨，“社会似乎已经分裂成数百万的个体碎片，各方面明显充溢着个人神话和怪僻”[24]。每一位建筑师，都试图将其设计语言精巧化以形成一个具有自己风格的“艺术独语”。

“我的创作和方案，希望能成为如今已显疲态的建筑样式的一个另类选择，或者，以之作为一种批判也好。”李伯斯金的“艺术独语”，根植于自身的民族文化，得益于音乐思维的抽象表达，借助视觉文化的技术手段，塑造离经叛道的建筑艺术效果，即以一种非理性的设计手法，将其艺术语言回归到“作为活力与知性复兴之源的本原之根中去”[18]。

1. 艺术观念的内向型表达

“每一座建筑物都诉说着不同的故事。讲到历史，我们眼前所见都是建筑物：问到法国大革命，我们会想到凡尔赛宫；如果神游罗马，我们会先看到竞技场和广场；站在希腊神殿旁，或走进英格兰南部的史前巨石群，当年一石一瓦建造这些建筑的人宛然就在目前，他们的精神跨越历史鸿沟对我们说话。”[9] 李伯斯金的建筑作品，是一种可以捕捉历史、能够明确表达意识与观点，并且使观者能够体悟到特殊环境和氛围，即一种依附于观念艺术（Conceptual Art）的建筑思维。

艺术观念与艺术形式是两个同时经历演变和更新的概念。观念艺术的概念最早由美国音乐家亨利 · 佛林特（Herry Elynt）在 1961 年提出。但在 1917 年，马塞尔 · 杜尚（Marcel Duchamp，1887—1968）就曾提出“艺术的最终目的是表达观念，而非用艺术技法制作的成品”[28] 的观点，并认为观念的意义超越于造型的形式，故其常以语言的、视觉的双关手法来精心安排时机，再以偶然性、琐碎、短暂的事物来映射他的思想。作为库柏联盟的毕业生，李伯斯金所阐释的观念艺术则更多地受到老师约翰 · 海杜克（John Hejduk，1929—2000）的影响。

约翰 · 海杜克是一位带有诗人气质的建筑师，建筑在他的笔下不仅是一个客体，更是一种思想的再现。他认为：“建筑是一门逼近的艺术，这意味着你能调节、变形、转换”[29]（图 1-32 ～图 1-34）。他相信建筑是一个可以被公众阅读的“文本”，观者应该被带入到一种很高的境界中去感受建筑的真正灵魂，“而当我们正在寻找这些幽灵时，我们却听到了隐蔽在树丛深处的生命以其新的形式发出的声音。闻其声却不见其形，从某种意义上讲，我们听到的是一种灵魂之音”。这种灵魂之音，或许就是使观念性建筑能够散发出生命力的闪光点，让你得到无限的

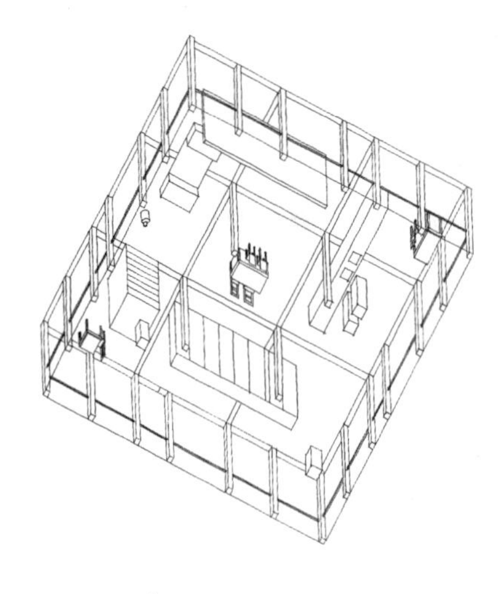

图 1-32　德克萨斯住宅 [29]

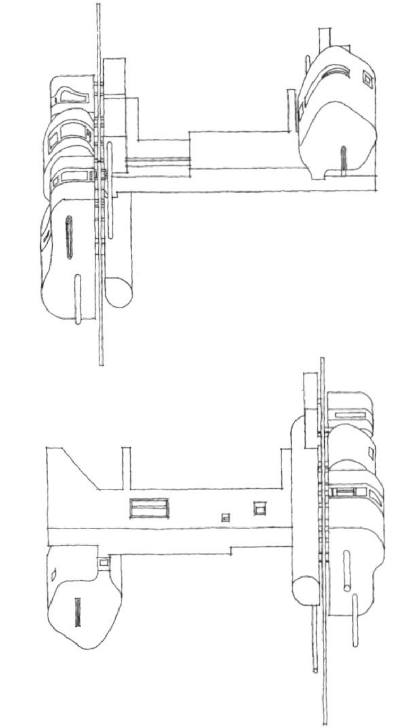

图 1-33　墙宅 [30]

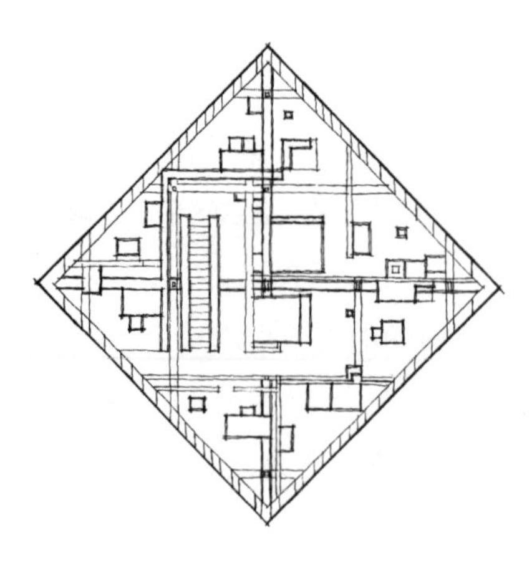

图 1-34　菱形住宅 [29]

启发。

1）意与有形

李伯斯金将一种既可捕捉历史又可预测未来的观念引入到建筑之中，以隐喻的设计手法，借助可被认知的形式语言，表达无形的观念形态。他认为："一个融入观念的建筑能诉说人类灵魂的故事，能让人们用一种全新的方式来看待这个世界，并且能够唤起心中的欲望，勾勒想象的轨道。而形式则是能够吸引人们驻足观赏、使人们有兴趣阅读一个建筑作品的首要条件。"

纽约世界贸易中心重建方案（Memory Foundations，World Trade Center Master Plan，New York，USA）就是一组将观念予以形式的建筑群（图 1-35 ~ 图 1-37）。整组建筑由五栋自南向北螺旋而上的高楼组成，象征自由女神手中的火炬，并将

图 1-35　螺旋上升的建筑群[5]

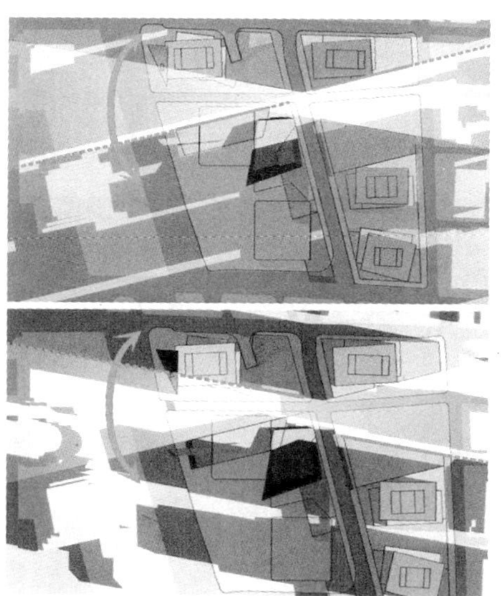

图 1-36　广场路径[5]

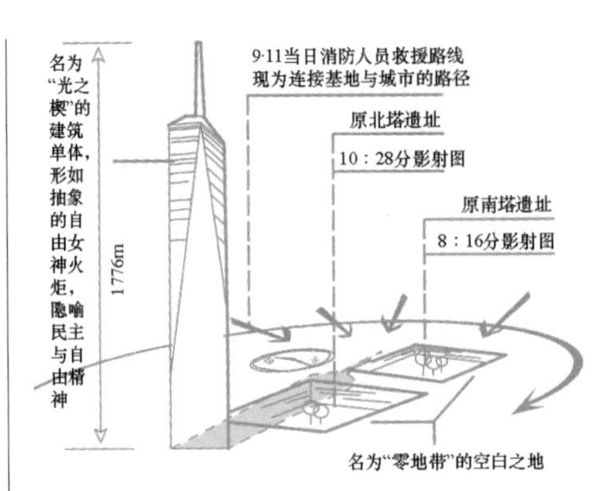

图 1-37　隐喻手法示意图

建筑的最高点设为 1776 米，隐喻《独立宣言》把民主带到现代世界的年代。为了纪念“9 · 11”的英雄人物，李伯斯金在地图上找出当天救援人员走过的路线，并设计成射向城市的通道；而在“光之楔”的作用下，每年 9 月 11 日的 8：16 和 10：28，会射入两道光线至遗址底部，分别代表客机撞击北塔和塔崩塌的时间。

2）意与无形

“建筑不一定是为了某种功能而存在的产物，它可以是某种单纯的艺术创作，为的是抒发内心的情绪，抑或是安抚内心无可名状的骚动。”受音乐创作启发，李伯斯金的建筑作品常出现一些没有功能、尺度异常的“插入性片段”。这种无形的观念借助不可识别的建筑语言，既是李伯斯金“为了解自己内心进行自我治疗”的渠道，也是他与历史对话、帮助设计对象宣泄情感的突破口。

在亚历山大广场竞赛设计方案中（Traces of the Unbroken，Alexanderplatz，Berlin，Germany），李伯斯金利用人流的逻辑和城市的能量，构建了一个充满活力、人性化的空间，在最大限度地利用空间的同时，突出了街道的节奏感（图 1-38，图 1-39）。他摒弃了传统封闭式广场的概念，创造了一个没有强加秩序的空间和面向未来发展的开放式框架。总体规划的传统概念及其隐含的整体性和终结性，被一个动态的、开放的和不断发展的矩阵所取代，创建了一片多样化和多元

图 1-38　“未被打破的痕迹”——亚历山大广场竞赛设计方案（一）[31]

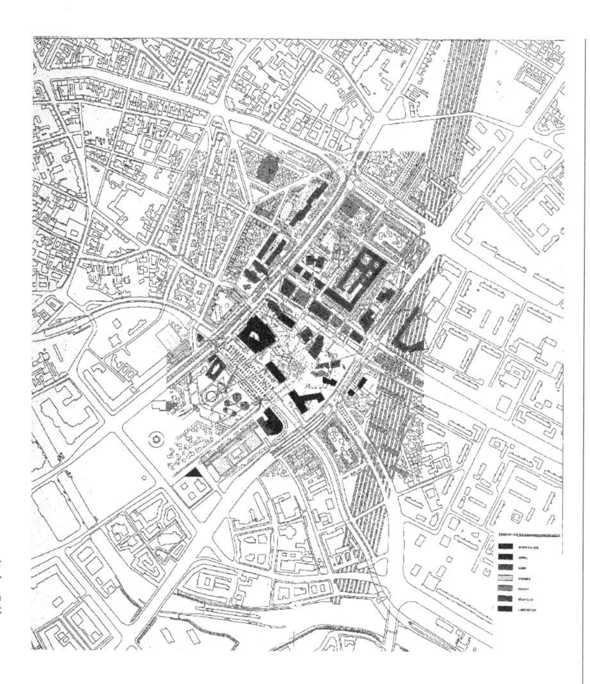
图 1-39 “未被打破的痕迹”——亚历山大广场竞赛设计方案（二）[31]

化的建筑。

3）参与性

建筑共同的记忆永远等待新的参与者来开发，这些人不但创造了新的主题，也深入探讨了许多个案背后不变的共同法则（John Hejduk，1998）[32]。李伯斯金亦坚持在建筑创作中思考观者参与的方式与途径。柏林犹太博物馆内设有一个“虚

图 1-40 “虚空”的空间

空”的空间，旨在构成一种带有偶发性的表演艺术：他将大量不同规格的人脸形铸件随意堆砌其中，并在旁边写上“请践踏”的字样，当观者踩上去的时候，人们便可听见一阵沉闷的金属撞击声——脚下的脸形铸件重重叠叠、凹凸不平，脚踩上去时而翘起、时而落下，发出高低不同的声音，使人们不知不觉地置身其中（图1-40）。

正如莎士比亚对生命意义的探索才是其最卓越诗篇的源泉一样，李伯斯金也分外重视观念的形成，并努力在这种无法预见、令人困惑的建筑形态中，除去支离破碎的外在表征，再现建筑观念的完整价值。

2. 艺术形式的非具象表达

人们常以“爆炸中的建筑碎片”“游走中的建筑线条”描述李伯斯金建筑作品的艺术形式。“除了直角之外，还有359种角度。艺术中的造型秩序要比人类所想象的还要奇妙”[9]。在建筑创作中，李伯斯金总是刻意避开水平和垂直的结构逻辑，选择不同角度的碎片和直线，呈现对各种任意角度墙体关系的追求。这种非具象的艺术形式表达，正是李伯斯金年幼接触康定斯基（Kandinsky Wassily，1866—1944）和马列维奇（Kazimir Severinovich Malevich，1878—1935）等俄国先锋派画家作品影响的体现。

康定斯基是俄国现代抽象艺术在理论和实践上的奠基人，被公认为抽象主义绘画的开山鼻祖（图1-41，图1-42）。他学识渊博且精通音律，并钻研过西方现代哲学。通过在音乐中获得绘画上的创作灵感，即在赤橙黄绿青蓝紫的五颜六色之中，看见音乐的节奏与旋律，并将神秘的哲学表述寓于形式化的音乐性表达中，从而使他的绘画作品传达出强烈的音乐气息与哲学理念。受康定斯基的影响，李伯斯金也将音乐和哲学引入到了他的建筑创作中。

图1-41　Composition VIII[33]

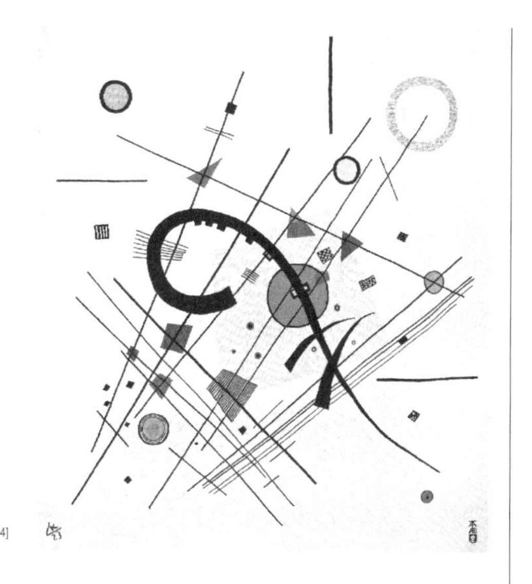

图 1-42 After A Design[34]

1）抽象代名词

音乐不是单纯地模仿外界声音，而是依靠形式变化模仿人的情感起伏，李伯斯金认为建筑也应该摆脱外界具象事物的束缚，形成一种无形的、非具象的语言系统。他将建筑中的色彩、线条和形状发展成为足以表达思想和唤起感情的视觉语言体系，并通过确定各自的表现价值，阐述各种组合的整体关系，建构起人们对建筑造型的整体认识。

位于西班牙马约卡岛上的芭芭拉·魏尔工作室（Studio Weil，Majorca，Spain），建筑以白色混凝土拉毛为基调，高雅并纯洁，突出对这位女艺术家的崇敬。内部空间由若干个大小不一的同心环组成，人们在里面行走时，仿佛越走越深入，最终达到安静庇护所的境地，不受外界侵扰；建筑的正立面设计了一个凹进去的壁龛，里面嵌着一个随风飘舞的精灵，犹如一个抽象化的音符，象征着人类内心发出的旋律；作为与外界相通的唯一隧道，大量采用水平向、非垂直的线状窗户，坚定而绝对的效果，代表了一种欢欣与历史的语言，能让人的思绪觉醒过来（图1-43 ~图 1-48）。

图 1-43 芭芭拉·魏尔工作室外观[5]

图 1-44　立面精灵 [14]

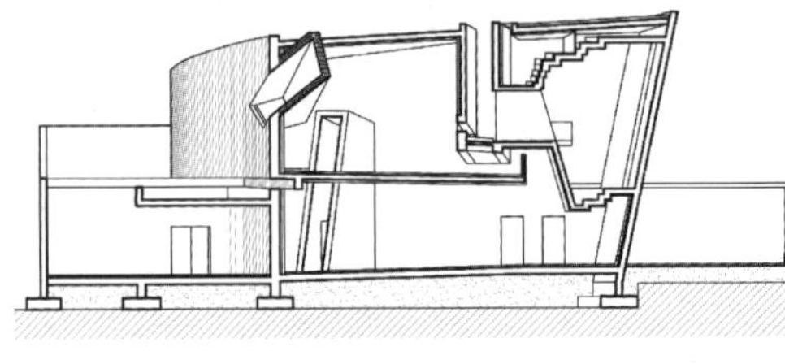

图 1-45　芭芭拉·魏尔工作室剖立面（一）[5]

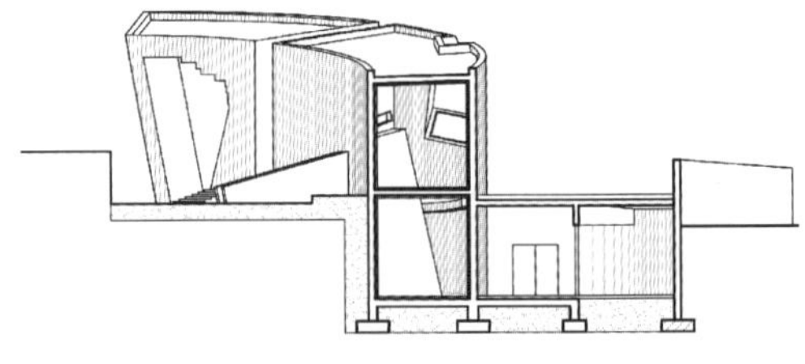

图 1-46　芭芭拉·魏尔工作室剖立面（二）[5]

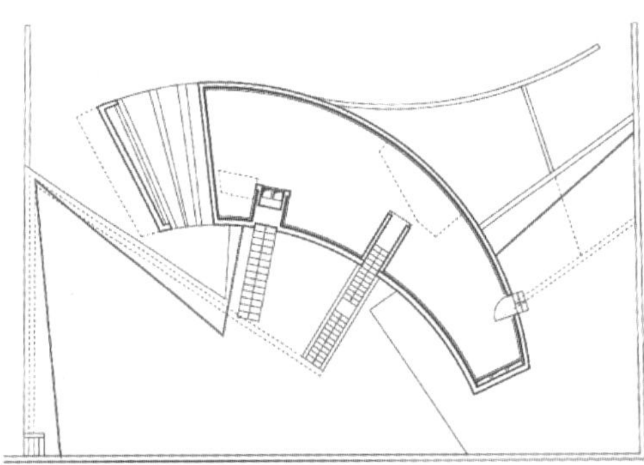

一层平面图1：200

图 1-47　芭芭拉·魏尔工作室平面（一）[5]

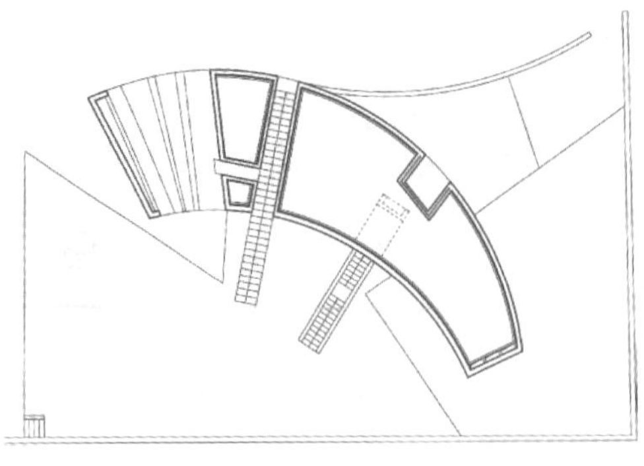

二层平面图1：200

图 1-48　芭芭拉·魏尔工作室平面（二）[5]

2）纯感觉

马列维奇将自己的艺术创作称为“至上主义”（Suprematism），即“创作艺术中纯感情的至高无上”（图 1-49）。他强调“客观世界的视觉现象本身并无意义，重要的是感情，是与唤起这种感情的环境无关的感情本身”[35]。这种以更自由、更直接的线条和色块极端表现形式背后“纯感觉”的创作手法，后经德国包豪斯学院纳入到设计教学中，并逐渐演化成“通过赋予绘画感觉以外的变化方式，创造出新的形式与形式之间的相互关系，这一新的艺术将成为一种新的建筑样式，将把这些形式从画面移至空间”[36]。李伯斯金将至上主义引入自己的创作之中，即以一种带有动态的隐性轴线，将图面上的几何图形进行错位对置，并在看似凌乱的构图中找到一个平衡点。

在“微显微”系列研究中（Micromegas），李伯斯金运用随机的几何构成，展开对线性空间问题的研究和探讨（图 1-50）。那些几何构图自由而奔放，在造型上形成一种旋转的或离心的动感：它们相互穿插、扭转、断裂、反弹于这个自由的构图中，时而带有偶然性的相遇，时而又冰冷地撞击在一起，迸发出强烈的视觉性戏剧效果。李伯斯金还将一种富有动态的、类似线状形体的自由构成融入其中，通过局部构件的叠加与倾斜，突破建筑设计中常规的界面法则，从而体现出一种梦幻般的动态效果。

“非具象”是李伯斯金直接表达感情的艺术语言，其本质就是将感觉当成建筑生命的本质，借助非具象的视觉形象，展现非客观性的感情，诠释自我感知中纯粹的艺术世界。

图 1-49 马列维奇的画作[37]

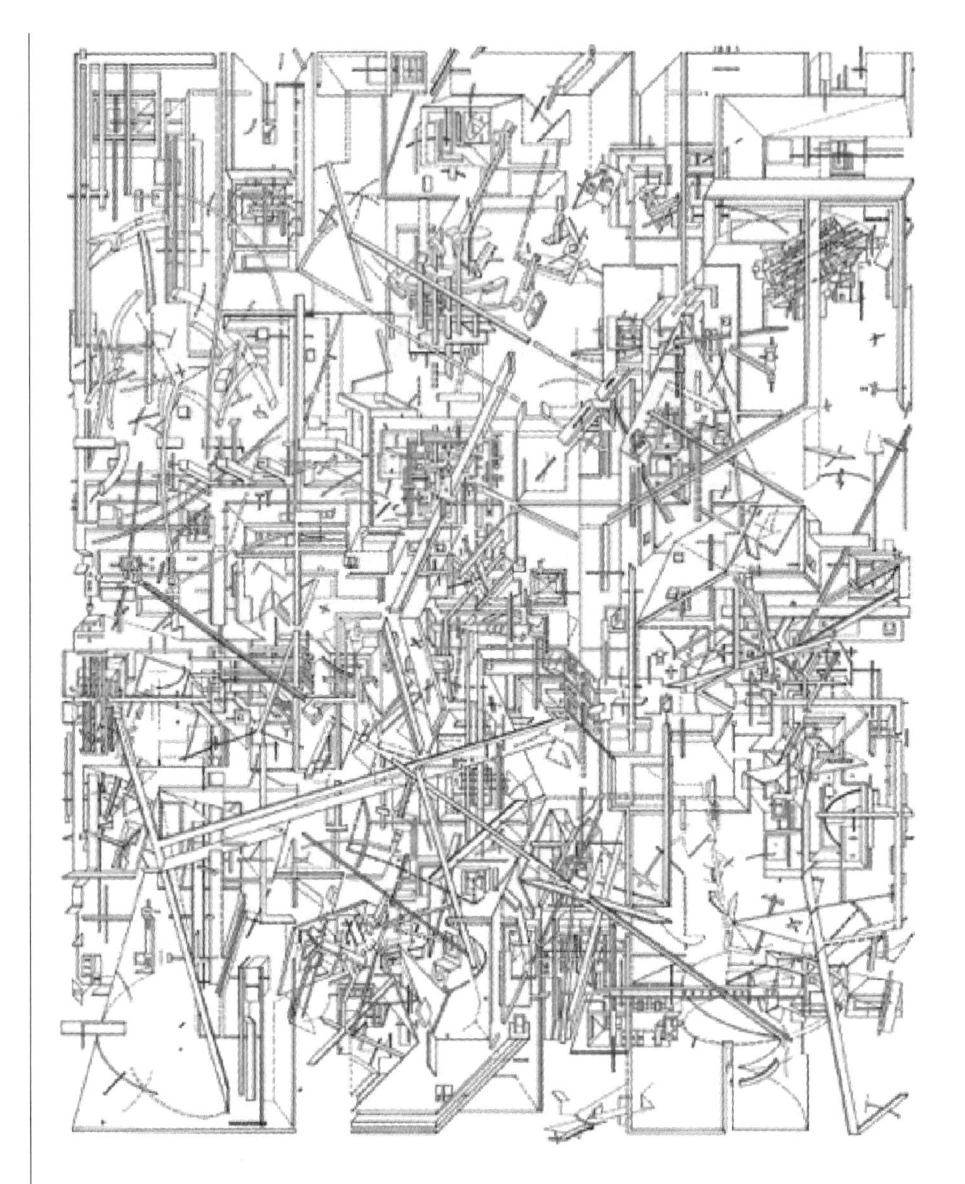

图 1-50 “微显微”系列研究[14]

3. 艺术手法的非理性表达

法国哲学家米歇尔·福柯（Michel Foucault，1926—1984）的非理性主义观（Irrationalism）使当代审美思维发生了历史性革新。非理性不是单纯意义上的，不是有确切所指的，它并没有科学上的含义。因此，它没有本质，只有现象，只有表征，只有多种多样的符号形式[38]。李伯斯金也曾以福柯式的口吻宣称："要讨论建筑，就得讨论非理性的典范之作。在我看来，当代最好的作品就是来自非理性，虽然当它流行于世界，统治并摧毁什么时，总是以理性的名义。非理性……是我的设计起点。”[39]

1）观念之上的激情形象

激情形象是非理性创作的表层结构。激情是人类肉体和灵魂的接触面，它常常不受理性思维的束缚，甚至大部分时候违背人们的理性意志，这就为非理性创作提供了滋养空间。作为对内向观念的感性表达，李伯斯金的建筑创作也常脱离理性束缚，使其作品呈现出“不可测定的、随机的、隐喻了命运感情和不可知性”[40]的新奇形象。

在米兰 Citylife 总体规划高层建筑群（Citylife Master Plan，Milan，Italy）的中心位置，一座造型夸张、主体向下弯曲的高层建筑极为耀眼（图 1-51）：垂直插入建筑内部的交通空间由厚重的混凝土包实，位于主体后方，并成为权衡建筑失重感的主要手段之一。作为整座建筑最富于表现力的部分，弯曲状的主体与垂直的附件相互交叉，两者一虚一实、一弯一直，它们既是对结构极限的挑战，也是对人们视觉心理的挑战。夸张的建筑形象成为最具感染力的情感催化剂，不但为城市植入了强烈的动感，还激发出掩藏在人们心灵深处的激情。

2）观念之下的逻辑推演

逻辑推演是非理性创作的深层结构。统治建筑领域数百年之久的理性主义具有强大的理论依据作为后盾，如果非理性主义仅以其怪异的建筑形式吸引观众，无疑会使自己陷入绝境。作为对非理性设计手法的理论与技术支撑，复杂性科学与计算机辅助技术成为打破建筑理性（技术）与非理性（概念）之间壁垒的催化剂。前者为建筑观念的复杂性与多义性提供生成语言与逻辑系统，后者为建筑结构的复杂性与异规性（Informal）提供生成逻辑与演算系统。

承载着复杂语言系统的波茨坦广场方案（Potsdam Square Complex），充斥着大量的斜线元素。这些元素作为方案的“母语”形式。这种新式的城市规划创作手法，视觉强烈，强势地展现着对传统机制的瓦解，即代表逻辑和理性的轴线和

图 1-51 Citylife 总体规划高层建筑群[14]

传统的城市边界已经在多元化发展的人性复杂性中变得摇摇欲坠。当我们把这个设计还原到城市文脉中的时候，会发现在那充满斜线穿插的表皮下，隐藏着精准的逻辑体系和规范式的“母语”法则。这些看似无意识的非理性表现成为李伯斯金建筑创作中最为真实与本质的部分（图1-52）。

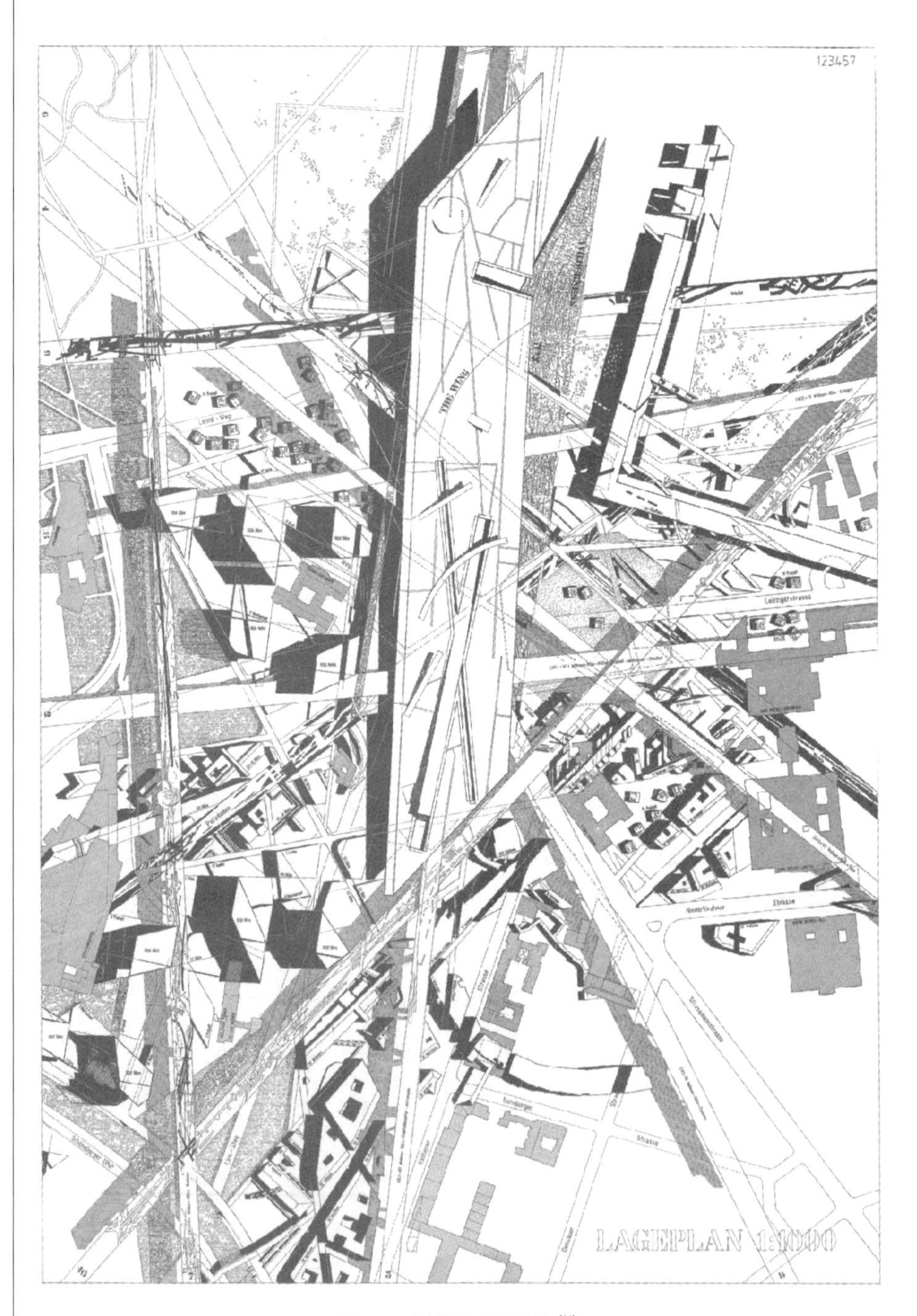

图1-52 波茨坦广场方案[41]

维多利亚·阿尔伯特博物馆扩建方案（Extension to the Victoria & Albert Museum，London，England）采用一种螺旋的结构体态，实现结构与建筑的合二为一（图1-53 ～图 1-55）。螺旋形态很容易引起联想，而李伯斯金与结构工程师塞西尔·巴尔蒙德（Cecil Balmond，1943—）对螺旋形态的解读，却联想到了数字及它们的力量，并最终演化成一种连接构成及可能产生运动的研究。方案之初面对的巨大挑战，是如何生成一个超静定构成。原始方法是用大量材料灌注出一个巨大体例，但借助计算机辅助技术，则可依据数学演算法则，用不连续框架结构的现代原理来束缚倾斜平面。这些斜面看似不可分割，却能够形成一个巨大的回转，平展开就是一个蛇形平面，再从交叠的平面上生成相互咬合的形式，即一种螺旋的形式。

李伯斯金惯常使用的非理性设计手法，既是观念之上的激情形象，也是观念之下的逻辑推演，赋予了建筑以无限的生命活力。

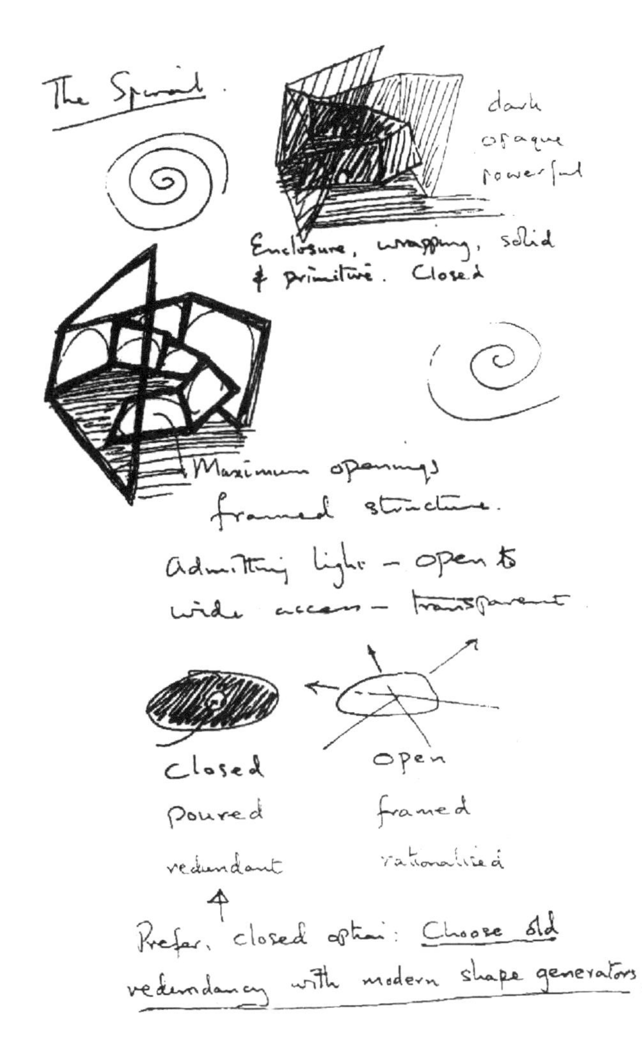

图 1-53 方案结构推演草图[42]

图 1-54　方案设计草图 [5]

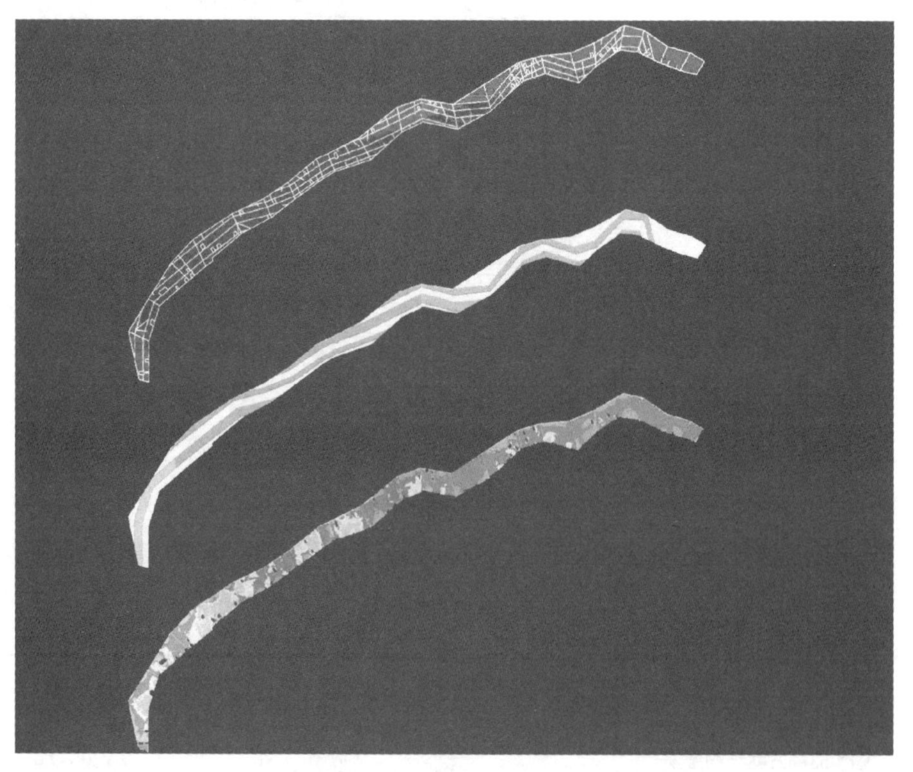

图 1-55　蛇形平面示意图 [42]

三、二元哲学

作为后现代主义建筑思潮的宣言，罗伯特·文丘里（Robert Venturi，1925—2018）在1966年提出的“宁要混杂、不要纯粹；宁要折衷，不要清晰”[43]建筑思想仍是当代建筑师所普遍推崇的设计哲学。李伯斯金将关心现实世界中社会、文化、政治等人类所面对日益复杂的矛盾因素，纳入到他的“二元哲学”创作理念中，并将建筑作品理解为反映矛盾本质及探索“调停”矛盾的主要手段。

“二元并存”最早由希腊哲学家柏拉图（Plato，公元前427年—公元前347年）提出，但在真正意义上消解“二元对立”思想的却是法国哲学家雅克·德里达（Jacques Derrida，1930—2004）。德里达认为真和假、确定的和隐喻的、实在的和虚构的、能指和所指、言语和书写等种种二元对立思想表面上看彼此各不相容，但事实上却形成了可与现实相对照的完整价值[44]。李伯斯金也认为以前那种非此即彼的、二元对立的关系已经过时，多元文化的碰撞逐渐模糊了物质与精神、现实与虚拟、主体与客体之间的界限，在许多场合，它们之间的转化和融合体现了矛盾的关联与共生。

20世纪末，人们对建筑的审美取向也从只注重高雅、和谐统一之美拓展到接受残缺、冲突矛盾甚至怪诞之美。李伯斯金努力地汲取艺术领域中各种美的形式，刻意追求表现后结构主义的所谓“之间”（The Between）的概念，表现丑在美中、非理性在理性中、不确定在确定中，常做出一种使人迷离、令人愕然的建筑形式，以期在有限的建筑形态中创造出无限的存在价值与意义联想。

1. 非在的存在性

通过对“在场”的批判及其与“不在场”关系的重新思考，即一种复杂的、松动的分延关系，一种相互牵连且变动的内在关联，构成了德里达解构主义思想的逻辑基础[45]。李伯斯金将全新的、开放的、非中心化的、充满差异的、无限流动等德里达提炼出的一系列解构概念纳入到建筑创作中，形成一种“不在场的在场”设计哲学，赋予其建筑作品以精神与物质、观众与建筑、虚与实，乃至生与死之间对话的功能关系。

1）在场与不在场的对话

“当我们说某人无言时，并不意味着他没有话说。事实正相反，这种无言恰恰是一种言谈，且往往是更为深刻的言谈”（Hans-Georg Gadamer，1988）[46]。当我们身处于一个没有任何功能、没有任何摆设甚至是没有任何向度的空间之中的时候，并不是说建筑师没有诉说他的“建筑故事”，他只是以“非在的存在性”——一种别样的雄辩之风，攫住我们的心灵深处。李伯斯金正是通过这种内向型的艺术语言，阐释着深邃、丰满的建筑观念。

努斯鲍姆美术馆（Felix Nussbaum Haus，Osnabrück，Germany）以“缺席”为理念，极力塑造一种“不包含任何，却表达了一切”的艺术形式，展现努斯鲍姆在大屠杀中所遭受的窘境，形成“在场”与“不在场”虚无对话（图 1-56~ 图 1-60）。李伯斯金解释道：“直接触及努斯鲍姆悲剧的记忆，对这座建筑的未来非常重要，我的设计应该是诉说一个人的故事和命运，我要让来参观的人看到努斯鲍姆，即使他不在场。”李伯斯金将其命名为“没有出口的美术馆”，强调努斯鲍姆在大屠杀中找不到任何希望的境地。观者那种寻求入口的经验，恰恰暗示了人类面对历史真实面目的追降却不得其门而入的窘态，引导观者直接碰触到如此丑陋而痛苦的过去。在三个交错的体量中，又高又窄的隧道末端被一个十字形的通道粗鲁地割断开来，这是一种“永久性的缺席”，一种“空虚的沉默”。“当一整个社群被彻底消灭，个人自由被一把剥夺，当延续的生命被残忍地打断，生命的架构因而扭转、改变，无以复加，一种偌大的虚空便随之产生”，这种空白本身即是对生命“缺席”的强烈抗议。

图 1-56　努斯鲍姆美术馆鸟瞰图 [47]

图 1-57　努斯鲍姆美术馆 1.8 米展廊 [47]

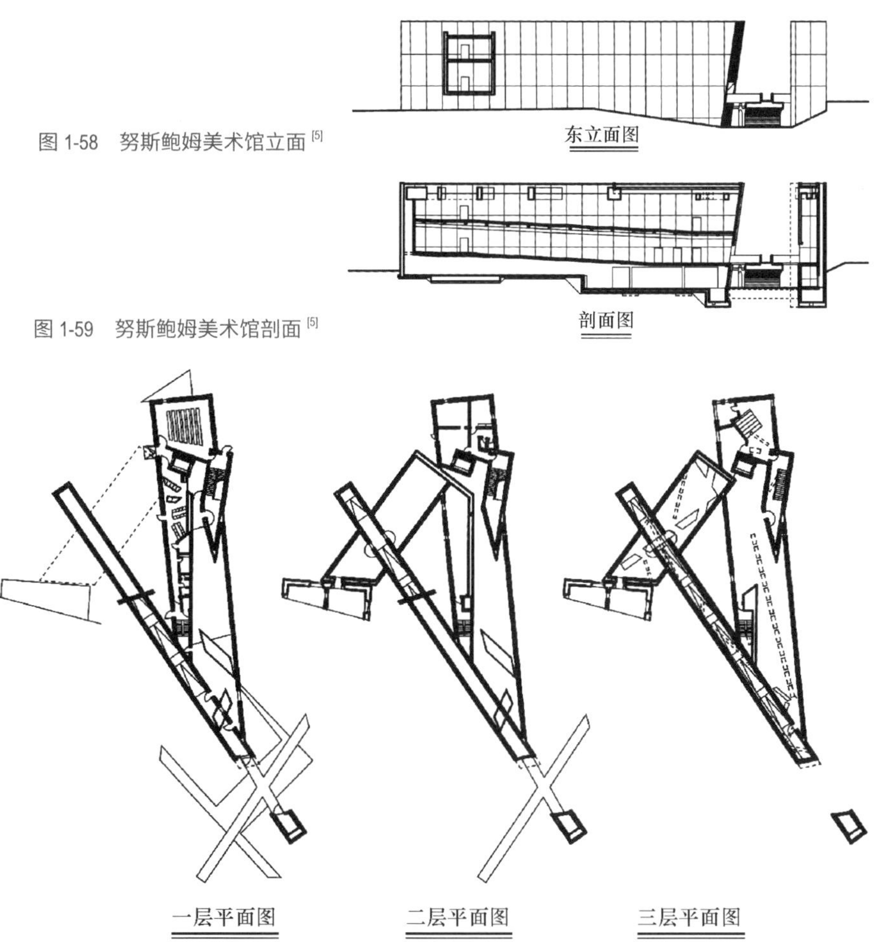

图 1-58　努斯鲍姆美术馆立面 [5]

图 1-59　努斯鲍姆美术馆剖面 [5]

图 1-60　努斯鲍姆美术馆平面图 [5]

2）过去与未来的对话

李伯斯金指出："我所提出的'非在的存在性'，并不是一味地以悲观厌世的态度去控诉人类历史的罪证，我的作品也不应该永远地打上大屠杀可怕断裂的印记。"在欣赏一部歌剧的时候，当音乐声倏然中断的时候，或许我们感受到的并不是死亡的沉寂，而是某种孕育了希望的平静一样，李伯斯金也希望他的建筑作品能够传递给人们一些希望的启示，一种永远不可战胜的人性力量。

位于伊拉克埃尔比勒古城堡脚下的库尔德斯坦博物馆（Kurdistan Museum，Erbil，IraqIn），由四组相互咬合的几何体块构成，分别代表土耳其、叙利亚、伊朗和伊拉克四个库尔德区域。体块间被一条"线"切入分隔，这条"线"包含棱角分明的两个片段，代表库尔德斯坦的过去和未来。李伯斯金解释道："两个片段创造了情感的双重性：沉重的实体体块是'安法尔线（the anfal line）'，代表在萨达姆·侯赛因统治下的种族屠杀；'自由之线（the liberty line）'为一处充满了绿植的格构结构，直插天际并在顶端点燃了永恒之火，隐喻在库尔德文化中一种强有力的象征。设计在两种极端情感中航行：穿越历史的悲伤和灾难以及国家寻求未来时的快乐和希望。"（图 1-61）

3）"空"的穿插与渗透

康定斯基曾说过："一位不满足于寻找单纯描绘而是渴望表现其内在生命的画家，不得不羡慕音乐这种最少物质性的艺术可以自由自在地达到这样的目标。"[18]李伯斯金极力标榜"空白"的价值，认为只有"空白"才是介于计划和现实之间、模型和实物之间、空间和非存在之间的距离本身。

图 1-61　库尔德斯坦博物馆鸟瞰图[48]

“空”的穿插与渗透是李伯斯金常用的建筑手法。加拿大国家大屠杀纪念碑（National Holocaust Monument，Ottawa，Canada）使用了纯粹的混凝土墙面，通过穿插与渗透营造出不同精神感受的空间，引发参观者无限的联想。14 米高的混凝土墙框出了天空的轮廓，“空白”的高墙带来了巨大的沉寂，为参观者提供了一个如教堂般的精神空间（图 1-62，图 1-63），它营造出一片毫无生息的静谧，如同音乐中倏然中断旋律的停顿，展示着“深陷于城市丛林混乱之中的人类心灵最隐秘的怀疑、渴望、骚动和绝望”。

李伯斯金曾说过：一种艺术，由于作为其核心的主体的丧失，例如像没有情节的文学，没有旋律的音乐那样的没有展示品的博物馆……好像已是新型文化形式的一种倾向。在某些情况下，李伯斯金相信“非在”比“存在”可能更具震慑力。就像中国禅宗尚“无”的思想一样，或许“此时无声胜有声”的力量，更能让人们体会到一种超脱境界。

图 1-62 国家大屠杀纪念碑内部空间（一）[4]

图 1-63 国家大屠杀纪念碑内部空间（二）[4]

2. 有限的无限性

当今建筑极力追求无限性：打破规则，拥抱自然和人类，好客空间，时间和空间自由流动，使我们困惑而不是使我们重新获得确认，把过去、现在、将来连为一体，甚至动摇我们的现实感和理性，尤其是动摇我们的永久感（Andreas Papadakis，Kenneth Powell，1992）[49]。李伯斯金也认为："我们时代真正的建筑艺术应该是一种无限的价值创造，我们应该从艺术的实践规范或趣味规范中解放出来，即'在有限之中无限的艺术再现'。"有限与无限既是一对互相对立的限定动词，同时它们又以矛盾的姿态证明着彼此的存在价值与复杂关系。

1）相似形

分形之父曼德勃罗（Benoit B. Mandelbrot，1924—2010）曾宣称："令人满意的艺术没有特定的尺度，因为它含有一切尺寸的要素。"[50] 李伯斯金的建筑作品常借助数学思维，加工处理相似的几何图形，用有限的素材去创造无限的形式与意义联想，进而将建筑营造成一个可视、可听、可处、可感知的多重场景。

在 1997 年参加美国 ANY 杂志社的国际设计竞赛中（The Virtual House Competition），李伯斯金设计以"虚拟的无穷"（"Virtual Infinity"）为题，借助 365 个自相似的环状片断，代表着一年中的每一天，并藉由充满偶然性的组合方式，将这些片段环绕成一个空的中心轴线，他称之为"可以说是建筑空间"（"could be called Architecture"）的部分，旨在表现空间的基本性质，即它是"唯一一个没有确定尺度"（the only one without definite scale）的方案，通过更具深度或在深度及高度方面形成不同层次，以及看似无序的组织方式形成动态转换，突破时间与空间的限制，以有限元素的无限组合与转换，成为艺术自身质的标准和独立性标准的保证，给空间带来不同的效果（图 1-64）。

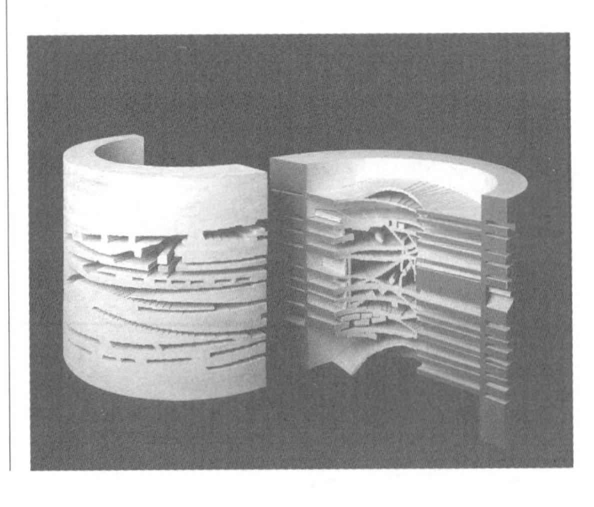

图 1-64 The Virtual House Competition[14]

在尘世烦恼之园（The Garden of Earthly Worries，Apeldoorn，Netherlands）中，李伯斯金将爆炸地球仪的四个碎片雕塑置于17世纪的花园中（图1-65，图1-66），概念性的雕塑与宫殿花园的有序之美形成对比。17世纪的花园代表着一个可感知的乐土，四个庞大体量的碎片象征着科技和人类的干预，它们代表四种温室气体：二氧化碳、甲烷、臭氧和一氧化二氮，这四种气体对不断变化的气候起着重要作用。这些细长的弯曲元件由激光切割的钣金面板构成，并以适当有害的色调着色，代表人类在开发地球资源方面已经达到了一个关键点[51]。

2）虚空间

“有限中的无限”还可解释为一种历时性的创作过程，它表达的是反逻辑的非理性思维，以及破碎、分离的存在本质，即一种未完成的开放形象。弗朗茨·舒伯特（Franz Schubert，1797—1828）的《B小调第八交响曲》是世界上最著名的未完成音乐作品[53]。这部乐曲虽然没有按照传统欧洲古典主义交响曲的作曲习惯，只安排了两个乐章结构，但它绝非未完成：那优美的旋律使每个人的灵魂都被无限的爱所拥抱，“任何人都不会无动于衷，它那充满了温暖和亲切的爱的语言向人们窃窃私语，如此的迷人”。在终曲部分，音乐声持续地减弱，最终一切归于安静，

图1-65 尘世烦恼之园雕塑（一）[52]

图1-66 尘世烦恼之园雕塑（二）[52]

而它的魅力就存在于这种未完成的不确定性与无限性，这一瞬间的寂静才是最能触动人类心灵的关键所在。

仿照阿诺尔德·勋伯格（Arnold Schoenberg，1874—1951）创作的《摩西与亚伦》（*Moses und Aron*）第三幕，李伯斯金尝试以未完成式的“空缺”打动观者。借鉴歌剧的矛盾体系，柏林犹太博物馆（Jewish Museum Berlin，Berlin，Germany）通过在建筑内部设计一个“虚空间”，隐喻着“犹太人的空缺，那些和柏林有关联、在大屠杀中被灭迹的人的空缺”，并成为“我们了解新柏林的基础”[9]。在这片石墙之中，看似未完成的建筑空间，正是历史呈现给观者真正的面目，如同歌剧的角色在无声歌唱（图 1-67，图 1-68）。

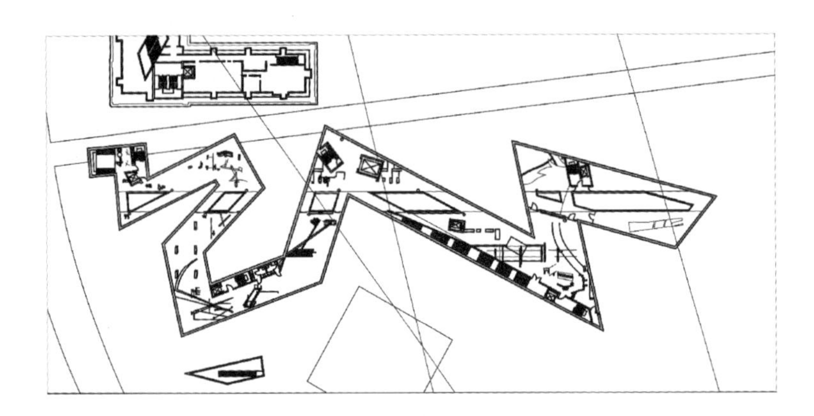

图 1-67　柏林犹太博物馆平面图[5]

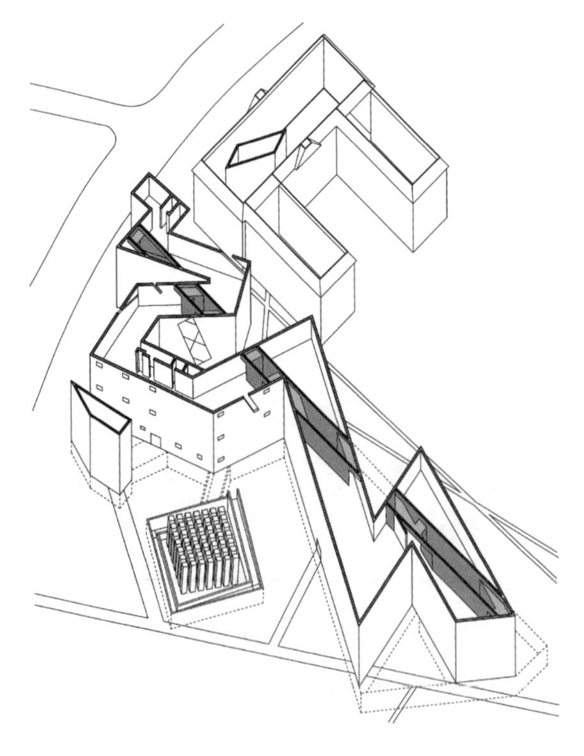

图 1-68　柏林犹太博物馆“虚空间”[54]

最为硕果累累的想象力的发展，总是在两种或两种以上的思想情感方向触碰到一起发生的。李伯斯金借助非在的存在性、有限的无限性等二元哲学，重新思考建筑的存在意义与本质内涵，独辟蹊径，找到了一条不同寻常的建筑创作之路。

注释

[1] 李培栋 . 马克思主义文献中的“文明”概念 [J]. 齐鲁学刊，1983，(01)：5-6.

[2] 尹国均 . 建筑事件，解构 6 人 [M]. 重庆：西南师范大学出版社，2008：210.

[3] 周欣 . 现代西方设计批评研究 [D]. 苏州大学，2016.

[4] 小西 . 历史的警醒 加拿大国家大屠杀纪念碑 [J]. 室内设计与装修，2018.

[5] Counterpoint：Daniel Libeskind in Conversation with Paul Goldberger[M].the monacelli press，2008：235 173 360 331 241 293 295 298 191 267 25.

[6] [德]G.G. 索伦 . 犹太教神秘主义主流 [M]. 涂笑非，译 . 成都：四川人民出版社，2000：130.

[7] Anonymous. Studio Daniel Libeskind;Contemporary Jewish Museum Opens in San Francisco[J]. Science Letter，2008.

[8] 萨林加罗斯 . 反建筑与解构主义新论 [M]. 北京：中国建筑工业出版社，2009：56.

[9] [美] 丹尼尔 · 李伯斯金 . 光影交舞石头记——建筑师李伯斯金回忆录 [M]. 吴家恒，译 . 香港：时报文化出版社，2006，(1)：39，184，71，14，119，92.

[10] 在广岛个人展览中的讲话 . http：//www.lifeweek.com.cn/2002/0928/1170.shtml

[11] Peñaranda L，Rodriguez L. Construir argumentos como estrategia de enseñanza-aprendizaje[J]. Revista de Formación e Innovación Educativa Universitaria. Vol，2012，5（1）：47.

[12] DURAN S. A THESIS SUBMITTED TO THE GRADUATE SCHOOL OF NATURAL AND APPLIED SCIENCES OF[D]. MIDDLE EAST TECHNICAL UNIVERSITY，2005：57.

[13] https：//libeskind.com/work/cranbrook-machines/

[14] Marotta A. Daniel Libeskind[M]. Lulu. com，2013：29 31 33 175 134 135 151 22 174.

[15] Johanna P.Maksimainen，Tuomas Eerola，Suvi H.Saarikallio.Ambivalent Emotional Experiences of Everyday Visual and Musical Objects.2019，9（3）.

[16] [美] 丹尼尔 · 李伯斯金，Ros Kavanagh，Jarek Matla. 爱尔兰都柏林大运河广场剧院 [J]. 中国建筑装饰装修，2011（03）：82-89.

[17] 王晨雅 . 开放的维尔纽斯文化之门 [J]. INTERNI 设计时代，2019，3/4：80-85.

[18] 福柯，等 . 激进的美学锋芒 [M]. 周宪，译 . 北京：中国人民大学出版社，2003，(11)：81，43，114，258.

[19] “记忆与光”——9 · 11 纪念碑 [J]. 城市环境设计，2014（Z1）：146-149.

[20] 陈晓红，刘桂荣 . 审美现代性与视觉文化转向中的电影艺术 [J]. 文艺理论与批评，2005（06）：104-107.

[21] Hanuš J. Detail v architektuře. Výtvarné aspekty moderní architektury a jejich aplikace do současných kontextů výtvarné výchovy[J]. 2017：91.

[22] 费菁 . 超媒介—当代艺术与建筑 [M]. 北京：中国建筑工业出版社，2005，(10)：115.

[23] 葛祥国 . 图地意象景观——基于格式塔心理学视角的景观设计分析 [J]. 建筑与文化，2018（08）：39-40.

[24] 杨志疆 . 当代艺术视野中的建筑 [M]. 南京：东南大学出版社，2003：49.

[25] Honore de Balzac.Lost Illusions[M]. Start Publishing LLC，2012.

[26] Yves Montand，French and Proud（The Dave Cash Collection）[L]. The Dave Cash Collection，2013.

[27] Jean-Francois Mille，Gleaners[X]. Get Custom Art，2018.

[28] 曾伟，孙时进 . 观念艺术中人的美学需求的心理探索 [J]. 心理学探新，2016，36（02）：112-116.
[29] 作者改绘：胡恒 . 建筑师约翰·海杜克索引 [J]. 建筑师，2004（05）：79-89.
[30] 作者改绘：[美] 约翰·海杜克 . Wall House New York：Harcourt Brace，1968.
[31] Mansour H，Sayed N. Town And House[J]. BRANDENBURG UNIVERSITY OF TECHNOLOGY，2017：1 17.
[32] 迪勒，等 . 库柏联盟——建筑师的教育 [M]. 台北：圣文书局，1998.
[33] Kandinsky Wassily，Composition VIII[X]. Get Custom Art，2018.
[34] Kandinsky Wassily，After A Design [X]. Get Custom Art，2018.
[35] 高火 . 马列维奇与至上主义绘画 [J]. 世界美术，1997（01）：46-50.
[36] 郝辰 . 抽象艺术影响下的城市户外家具设计 [D]. 南京林业大学，2008：10.
[37] Kazimir Malevich.Suprematism[L]，xennex，2011.
[38] Michel Foucault，Madness and Civilization.A History of Insanityin the Age of Reason [M].Vintage，1988.
[39] 万书元 . 当代西方建筑美学新思维（下）[J]. 贵州大学学报（艺术版），2004（1）.
[40] 尹国均 . 混杂搅拌：后现代建筑的 N 种变异 [M]. 重庆：西南师范大学出版社，2008：1.
[41] Serrazanetti F，Schubert M. Daniel Libeskind. Inspiration and Process in Architecture[M]. Moleskine，2015：87.
[42] Cecil Balmond，Informal[M]. Prestel.2002：195 198-199.
[43] Robert Venturi，Complexity and contradiction in architecture，Museum of Modern Art，1966.
[44] 王向峰 . 从结构主义到德里达的解构主义 [J]. 辽宁大学学报（哲学社会科学版），2018，46（01）：118-122.
[45] 李海峰 . 从“对立”到“分延”——德里达的“在场”与“不在场”关系辨析 [J]. 湖南工业职业技术学院学报，2014，14（04）：77-79.
[46] 郑湧 . 伽达默尔哲学解释学的基本思想 [J]. 安徽师范大学学报（人文社会科学版），2007（06）：630-642.
[47] 편집부 . Extension Felix Nussbaum Haus. 2011，146（146）：120-129.
[48] Al Jaff A A M，Al Shabander M S，BALA H A. Modernity and Tradition in the Context of Erbil Old Town[J]. American Journal of Civil Engineering and Architecture，2017，5（6）：222.
[49] Andreas Papadakis&Kenneth Powell，In Defense of Freedom. Andreas Papadakis，Geoffrey Broadent&Maggie Toy：Free Spirit in Archietcture[M]. New York：St. Martin`s Press，1992
[50] 殷俊，殷启正 . 分形几何中的美——分形理论哲学探索之一 [J]. 洛阳大学学报，2005（04）：27-30.
[51] Veronica Simpson. The Garden of Earthly Worries[J]. Blueprint，2019，（364）：41-44
[52] Daniel Libeskind’s colourful sculptures protest climate change [J/OL]. https：//www.wallpaper.com/art/daniel-libeskind-garden-of-earthly-worries-netherlands，2019.
[53] 张娓 . 解析舒伯特《b 小调第八交响曲》忧伤情绪 [J]. 音乐时空，2015（02）：113，109.
[54] 作者改绘；Lee，KyoungChang. Study on Daniel Libeskind's Jewish Museum in Berlin viewed from critical theory[J]. 2015.

第二章

艺术化表现的物态特征

一、变形艺术中的范式语言

兴起于20世纪中后期的解构主义建筑创作思潮，通过对复杂性的美学把控，以及对当代复杂性的视觉呈现，力图打破柏拉图式的古典形式法则及其范式语言，将理性原则隐藏在具备复杂性的形式背后[1]，奉献一场当代建筑变形艺术的视觉盛宴。

李伯斯金极力打造的艺术世界，充斥着衍生门窗、交叉折线、复合表皮、几何体块等复杂形式语言，并在建筑实践中逐渐建立几何特征明确、体系风格一贯的设计范式。正如任何事物都包含着内容和形式一样，艺术是对真理的直感的观察，或者是寓于形象的思维（V.G.Belinskiy，1811—1848）[2]。俄国普列汉诺夫（V.G.Plekhanov，1856—1918）也宣称："情感、思想、形象是艺术的三个本质特征。"[3] 李伯斯金坚信建筑是一种表现，且建筑的表现不应该是暗哑的，而是建筑意义所在。因此，探究李伯斯金在变形艺术中惯常使用的范式语言，应除去艺术形式特征的单纯描述，转而挖掘隐藏在复杂形式背后的理性原则，及其所传递出来的美学价值和精神内涵。

1. 衍生门窗

建筑不是容器，它很少通过完整的边界与周围的空间分开。被门窗穿透的墙体调解了围和空间的完整闭合性，打破了建筑外部与内部的边界。在李伯斯金的建筑作品中，门窗不但具有采光、通风的功效，而且还被抽化为建筑形体的一部分，作为建筑形体的衍生品，或是建筑意义的衍生品，成为"使环境容易接近建筑内的居民并且给他们展示外面来的闯入者"[4] 的重要渠道。作为建筑的眼睛——门窗应该像建筑本身一样，可以向外张望空间，并用灵动的神态营造出建筑的真实意象。

1）形体的衍生

门窗和其他功能空间一样，应该被一种时进时出的运动状态所充满（Frank Lloyd Wright，1867—1959）。李伯斯金也认为建筑师一直忽略了门窗的存在意义，并宣称：门窗没有固定的形状，它仅仅是被形状所留下的东西；门窗也没有固定位置，更不必为躲避结构的限制而大费周章，它的位置也许就像音乐中的音符，锚定在特定的含义之上。在李伯斯金的建筑作品中，门窗被视为建筑形体的延续与衍生，并借助门窗形状与建筑造型的相似性，或门窗透明材质对建筑造型的弥合作用，塑造建筑形体整体复杂性的美学意向，赋予门窗以极具弹性及活力感的审美意趣。

为塑造复杂造型的整体效果，在米高梅电影公司幻想城市中心的方案中（Crystals at Citycenter，MGM MIRAGE CityCenter，Las Vegas，Nevada，USA），门窗作为与建筑形体具备相似性的要素，镶嵌在一系列相互穿插、形状相似的楔形物中（图 2-1 ～图 2-3）。除了材料上的差别，门窗与墙体在建筑形体的总体占比十分接近，且形状也与整体造型犹如衍生结构一般，无法精确地勾勒出墙体与

图 2-1　米高梅电影公司幻想城市中心门窗形式（一）[5]

图 2-2　米高梅电影公司幻想城市中心门窗形式（二）[5]

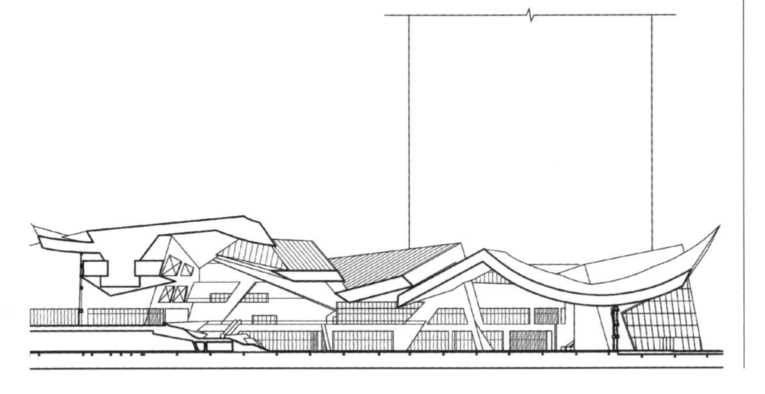
图 2-3　米高梅电影公司幻想城市中心剖面[5]

门窗之间的固定界限，取而代之的是一种视觉上的积极作用，即借助逐渐消失在彼此相互作用中的界限，转而呈现出整体上的运动连续性。李伯斯金将门窗已经视为造型设计的一部分，并将其构件价值不断放大，发挥更大的作用。

将门窗作为弥合建筑形体整体感要素，则强调突出其材料特性，借助透明度，缝合碎片化的表皮与体块，加强建筑造型整体效果。在 Jerusalem Oriya 塔楼设计中（Jerusalem Oriya，Jerusalem，Israel），李伯斯金将“L”形体块与方形体块正交咬合在一起，并为呼应这种组合方式，削弱两个大型体量带来的压迫感，同时加强彼此之间在视觉关系上的连续性，又借用大片玻璃幕墙作为对断裂体块间的柔性连接，一虚一实，完美结合（图 2-4，图 2-5）。

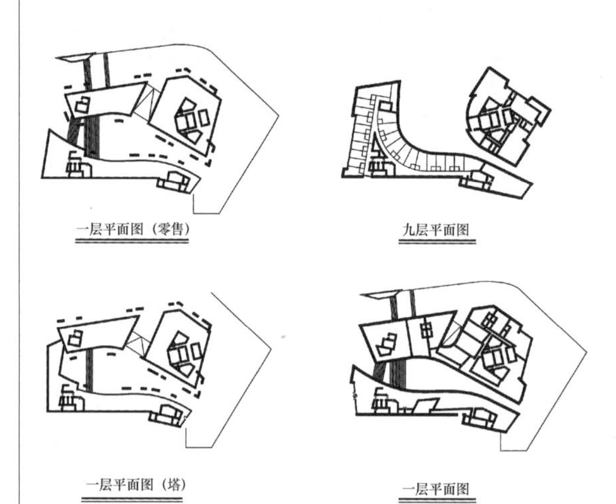

图 2-4　Jerusalem Oriya 塔楼平面构成[5]

图 2-5　Jerusalem Oriya 塔楼立面构成[5]

2）意义的衍生

门窗的位置、形状、大小甚至是材料，对建筑及其内部空间的职能属性具有暗示与营造作用，呈现出明显的意义指涉性。但不同于山下和正设计的脸屋（图2-6），或是代里科·祖卡罗（Federico Zuccaro，1540—1609）设计的面孔形式窗户（图2-7），李伯斯金更善于将门窗抽象成一种音乐符号，赋予其特定的形状，并锚定在特定的位置上，从而使之成为具有诉说情感意义的媒介，展现其艺术活力。首先，门窗的位置可以单纯地指代某一种客体。柏林犹太人博物馆的窗户位置就是根据一些在“二战”期间被残害的、具有典型意义的犹太人居住地址确定的（图2-8，图2-9）。其次，可以将门窗位置之间的关联性隐喻某种象征意义。伦敦都市大学研究生中心（London Metropolitan University Graduate Centre，London，United Kingdom）的门窗位置就与当地的守护星座相联系，当人们将这些个门窗用直线连在一起时，便会发现一组抽象化的星座图解（图2-10～图2-12）。

图2-6 脸屋[6]

图2-7 面孔形式窗户[6]

图 2-8 柏林犹太博物馆立面窗户（一）

图 2-9 柏林犹太博物馆立面窗户（二）

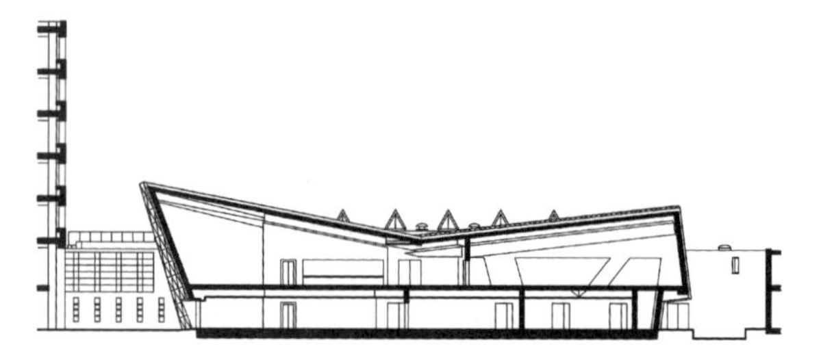

图 2-10 伦敦都市大学研究生中心剖面 [7]

图 2-11 伦敦都市大学研究生中心窗户（一）[5]

图 2-12 伦敦都市大学研究生中心窗户（二）[5]

3）光影的衍生

如果说门窗是建筑的眼睛，如要将“眼睛”设计得传神，就需要借助光影的营造。但窗户光的照明是由很多因素决定的，它的强弱变化要比眼睛所能见到的广阔得多[8]。面对如此玄妙的因素，李伯斯金将门窗理解为光影的衍生品，赋予其以自然疗愈的能力。瑞士伯尔尼西部购物休闲中心（Westside Shopping and Leisure Centre，Bern，Switzerland），借助各种天窗、屋顶烟囱洞口，引导一束束光倾泻而至，形成光线，构成光影，生动地镌刻出空间的意义，呈现别样的趣味性、戏剧性和神秘感。这种使人眩晕的光感，能起到舒缓工作、生活压力的催化作用，并凸显出这座建筑的真正品质（图 2-13~ 图 2-16）。

努斯鲍姆博物馆扩建项目（Extension to the Felix Nussbaum Haus，Osnabrück，Germany）中，新建建筑的不规则窗户从墙面突出，作为独立的元素存在，并与原博物馆嵌入式窗户相区别，并通过一个玻璃桥廊相连，与原有建筑相融。不规则

图 2-13 伯尔尼西部购物休闲中心鸟瞰图[9]

图 2-14　内部采光（一）[9]

图 2-15　内部采光（二）[9]

窗户和玻璃桥廊的设计在引入外景的同时，改变了菲利克斯·努斯鲍姆博物馆原有的“光芒恍惚，氛围压抑”的问题，给展厅注入了天然光照，“对努斯鲍姆的纪念有了新的富有活气的阐释”，产生了一种疗愈能力（图 2-17）。

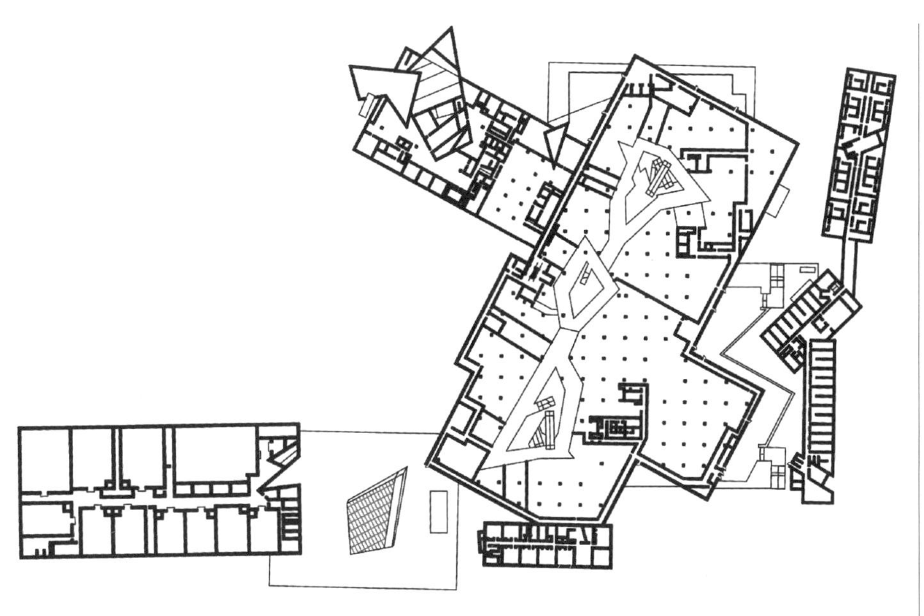

图 2-16　伯尔尼西部购物休闲中心一层平面 [5]

图 2-17　努斯鲍姆博物馆扩建项目 [10]

2. 交叉折线

康定斯基在“绘画音乐”中解释道:“曲线和直线的形式，可以表现出诗句韵律匀整和谐的结构……，这线不断变化，或是交替上升或下降，或是紧张和驰缓。这一抽象的绘画元素可在不同的层面上进行‘视—听’的通感阐析”[11]。李伯斯金也坚信不同的线可以表现不同的意念、情感和声音，并采用“运动”“上升”“下降”等来自物理界的术语，在平面构成、结构关系及装饰法则上，极力推崇一种交叉折线式的复杂构成关系，从而隐喻被赋予的建筑复杂意义。

1）运动感与路径感知

在几何学中，线是点移动的轨迹，运动是线的重要特征之一。根据运动轨迹的不同，线可以分为直线与曲线。直线反映了一个最简洁的运动形态。它似男性的阳刚品格：刚直、果断、简单、明确、理性，并有速度感和坚定感；曲线是无定方向的点的运动形态，似女性的阴柔品质：优雅、柔和、轻盈、丰富、感性、含蓄，富于节奏感和韵律感。在李伯斯金的建筑作品中，线要素的品质特征得以显现，并借助折线形的运动路径，或是线要素间的交叉构图关系（图 2-18），塑造一种隐喻趋势与律动的建筑品质。

日本大津市外线装置（Outside Line）形如一道折线轨迹，其灵感来自对人与自然共生关系的思考，以及空间与光交互作用的感受，即将红线定位在一个假想轴上，作为连接森林博物馆下降历史以及山脉上升地平线的“纽带”，并借助折线形体与光影在不同季节产生的丰富效果，如冬季积雪融化或夏季下雨时，雪水或雨水将沿着这道折线流向游客的登山路径，形成一种思想与视觉之间的物理“连接线”，拉近人与自然的关系（图 2-19）。

卡宾地铁酒店（Cabinn Metro Hotel，Copenhagen，Denmark），借助两个相交的空间组成以及高度图形化的立面设计，呼应海洋设计主题，彰显充满活力与无

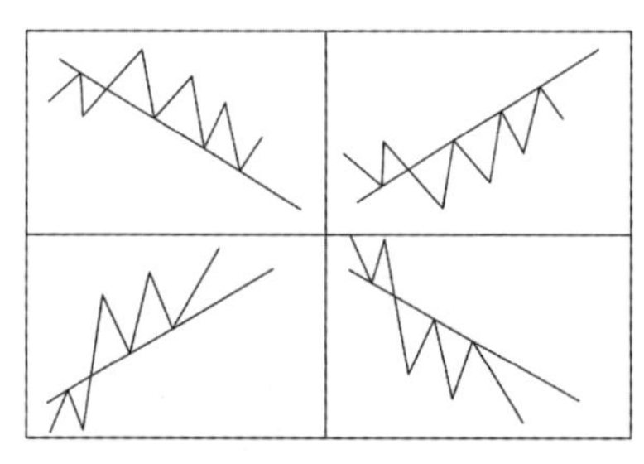

图 2-18　交叉线产生的趋势性 [12]

图 2-19　日本大津市外线装置 [13]

限创造力的建筑品质。两个建筑空间分别用玻璃和铝复合材料覆盖，且一个较低且直，一个较高且弯曲，交叉形成丰富的空间效果。以李伯斯金室内乐（Chamber Works）绘画系列为基底，并将深蓝色和浅灰色的铝壁板作为线条图案的画布，指代音乐和建筑在头脑中交叉时的感觉，即一种将经验与几何联系起来的创作意向，让人们仿如徜徉在海洋中，可获得自由的感受（图 2-20）。

李伯斯金也常用曲线扭转的方式塑造一种交叉转折效果。2015 年米兰世博会的万科企业展馆（Vanke Pavilion，Milan，Italy），李伯斯金通过曲线形式创造出一座流动的建筑，从而达到造型与结构的完美结合，即以设定轴线方向的扭转，将具有弹性的弯曲线条作为大块体量分割的手段，不但达到了软化硬朗边界的目的，还使建筑呈现出婉约、轻盈之感，用动感展示出一种含蓄的、潜在的爆发力（图 2-21，图 2-22）。

图 2-20　卡宾地铁酒店 [14]

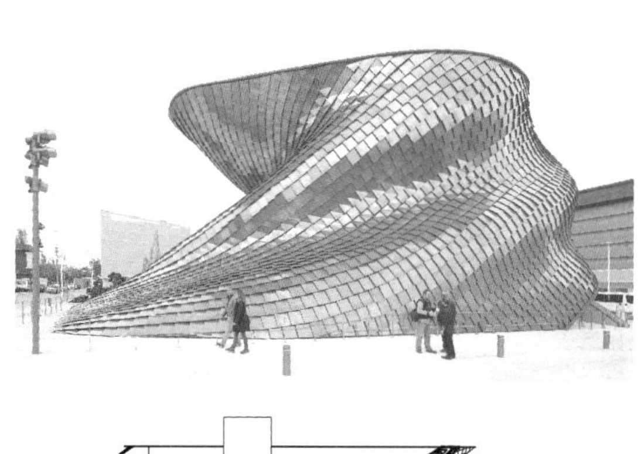

图 2-21　米兰世博会万科企业展馆 [15]

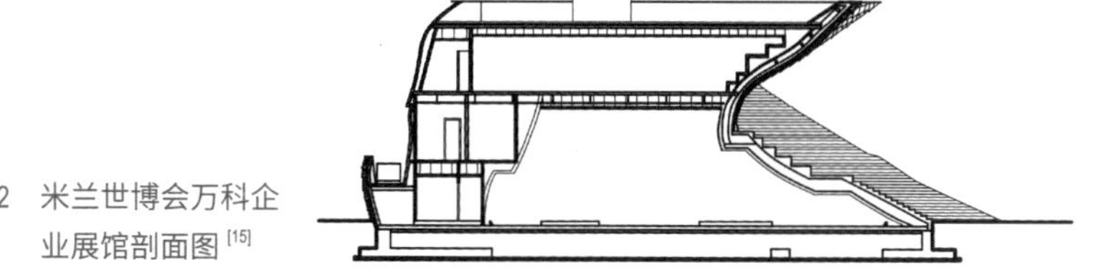

图 2-22　米兰世博会万科企业展馆剖面图 [15]

2）深度感认知

方向是线的灵魂。根据运动方向的不同，线可归纳为垂直、水平和斜角三种基本形式。垂直线暗示着平衡且有力的支柱，具有威严、庄重、肃穆、上升、崇高的印象；水平线保持重力与均衡，具有安定、平稳、寂静、舒展、宽阔的感觉；斜线具有运动、速度、发达的印象，并给人以失衡、惊险、危机的感觉。李伯斯金常选择最能表达其思想深度的线性元素，即“错异的斜向直线”，以角度各异、错位并置的设计手段，对建筑理性逻辑及结构秩序发出挑战。

在“微显微”（Micromegas）等早期的课题研究中，李伯斯金采用大量斜向的错位直线作为形式组合的表现主题，并将门窗、梁等建筑元素的线条在空间中重新组构，当它们混乱而偶然地组合在一起的时候，便凝结成一种和谐、歪曲着实际的视觉（图 2-23，图 2-24）。此时，线条的种种关系变得充满了意义。在这种创造性的视觉当中，线条本身似乎消失了，失去了它们各自的和谐统一，在整个视觉的镶嵌组合中像无数个纹理一样各得其所；整个视阈的组织结构变得如此紧密，如水到渠成般自然而然。

作为意大利卡萨格兰德帕达纳的新地标，名为“皇冠”（The Crown，Casalgrande，Italy）的装置品，与限研吾设计的另一处纪念性建筑形成呼应，构成了城市最具建筑价值和象征意义的文化景观，并成为通往陶瓷产业园的东大门。除在整体上铺设带有分形图案的陶土瓷砖外，该设施呈现出总高 25 米的螺旋状向上倾斜的结构体态，并通过强调某种体积投影的垂直效果，以不同寻常的三维结构，引导观者对其深度感的认知（图 2-25）。

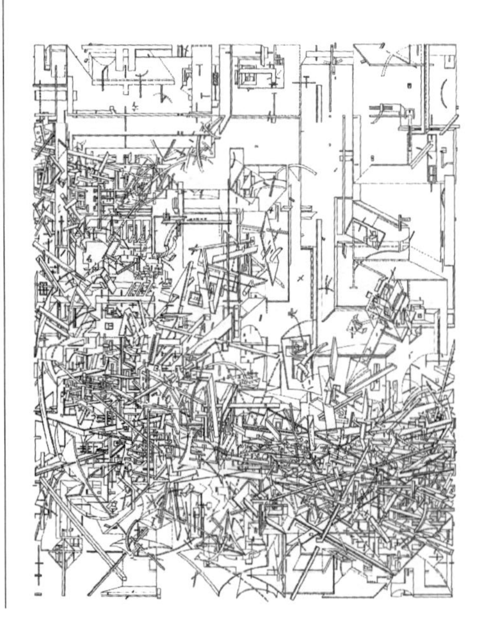

图 2-23 “微显微”系列（一）[16]

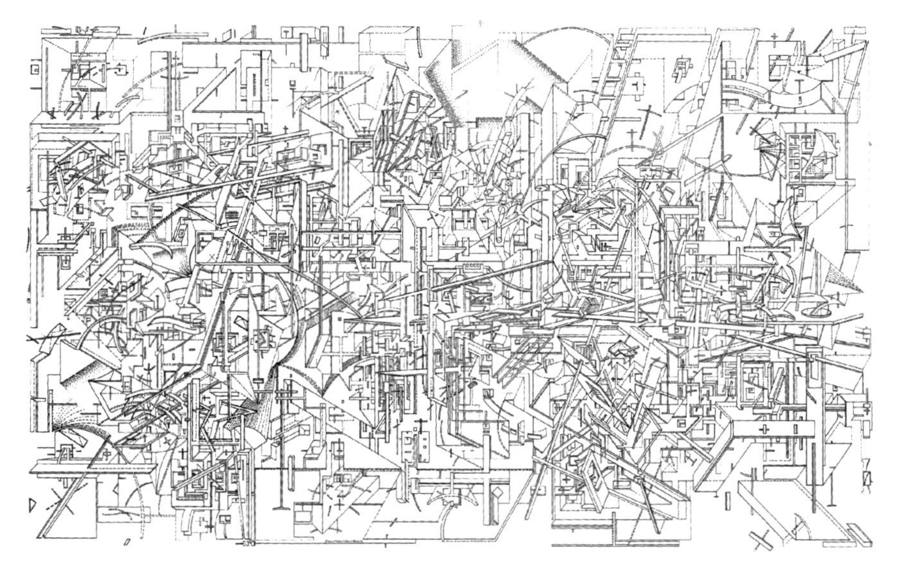

图 2-24 “微显微”系列（二）[16]

图 2-25 “皇冠”装置[17]

3. 复合表皮

建筑表皮作为保护覆层，界定了建筑内部空间，也定义了相邻的外部空间，成为建筑设计的重要内容之一[18]。近年来随着技术创新和材料选择的多样化，建筑表皮艺术呈现出巨大的创作潜力。李伯斯金也认为建筑表皮不应只是材料或结构主体的单纯呈现，而应在设计者的加工处理下呈现更多美学可能性，与门窗共舞，李伯斯金将建筑表皮视为一种画布基底，通过植入抽象化的符号体系诉说情感故事；或是赋予建筑表皮自身以展示情感的语言体系，并借助多种手法构成多重表皮体系，从而以复合多样的艺术形象传递更为丰富的建筑信息。

1）画布式表皮

李伯斯金的建筑作品中，门窗等建筑构件通常被赋予某种情感或观念的表达，转而成为一种艺术符号，并依照特定的生成与组织逻辑，植入建筑表皮中。作为艺术创作的画布基底，建筑表皮在与各种建筑构件的相互作用中，呈现独特且更加多元化的艺术效果。

为纪念美国著名工程师、桥梁设计师约翰·奥古斯都·罗布林（John A. Roebling，1806—1869），李伯斯金在罗布林吊桥旁边设计的住宅楼（The Ascent at Roebling's Bridge，Covington，Kentucky，USA），借用桥梁的部分元素，转而成为划分建筑立面的主要构件，使建筑表皮在形状各异的竖向条带分割下，产生丰富的视觉效果，并展现出李伯斯金对这位桥梁设计师的尊敬之情（图 2-26，图 2-27）。

图 2-26　罗布林之桥住宅外观 [5]

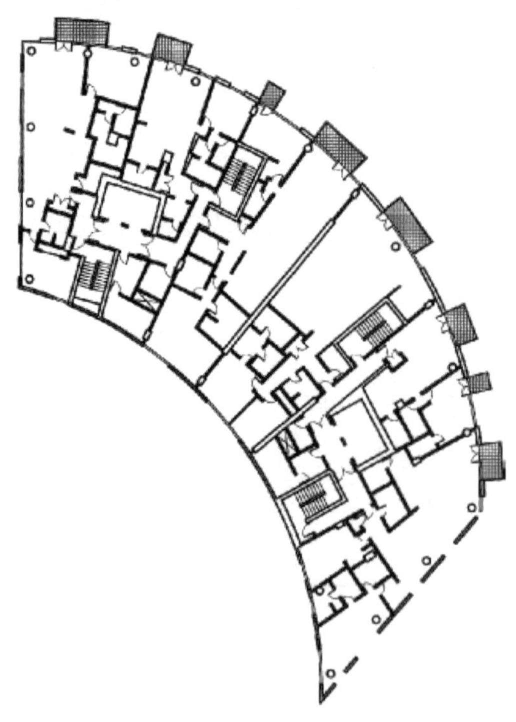

图 2-27　罗布林之桥住宅平面（标准层）[5]

与列夫·托尔斯泰（Лев Николаевич Толстой，1828—1910）在《安娜·卡列尼娜》书中通过描述主人公手提袋来烘托安娜自杀场景一样[19]，松多乐天商场和办公楼（Lotte Mall Songdo & Officetel，Songdo，South Korea），一条横穿建筑屋顶的蓝色飘带，与建筑体块形如河流与岩石的碰撞，成为映衬整座建筑光芒的聚焦点。这种不同于表皮形式的外来语言，强硬地介于表皮之上，实则是与建筑内部功能空间的呼应，并以一种无法遮挡的态势，突破建筑表皮的禁锢，释放建筑内部散发出来的光辉，使整座建筑犹如一件“披戴盔甲的珠宝”，散发着更为耀眼的光辉（图 2-28 ～图 2-30）。

2）双语拼接

除将建筑表皮视为创作基底，通过植入艺术符号展现设计观念外，李伯斯金还积极为建筑表皮提供自己的艺术语言。“双语拼贴”是指在同一表皮维度上，通过采用两种或多种语言体系，如材料肌理、色彩、构成关系的多元拼贴、叠合、错位，或是借助体块转动、突变等方式，形成复杂丰富的艺术效果。

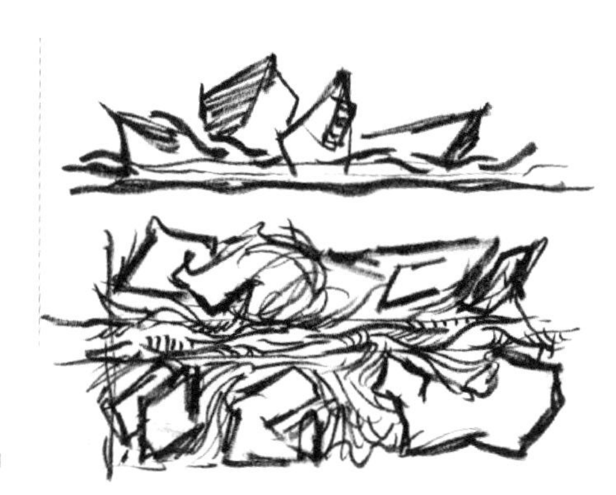

图 2-28 概念草图[5]

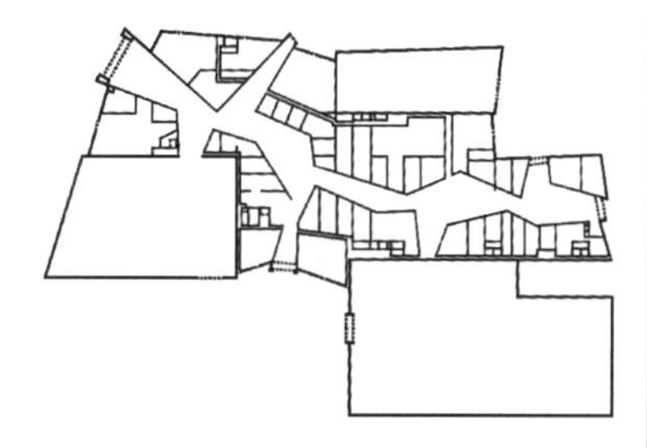

图 2-29 一层平面图[5]

图 2-30 外观示意图[5]

位于核心地段的芬兰坦佩雷竞技场（Crown Central Deck and Arena，Tampere，Finland），重新定义了城市活动中心枢纽的概念。整座建筑形如皇冠，顶层边界映射城市天际线的流动多变，并为反映“在高密度可持续生活方式中的 21 种敏感性”，在整体造型上采用多种材质、色彩的拼贴，并借助光影及建筑形态的动态变换，使建筑表皮犹如皇冠上的珍贵宝石一样，散发出闪亮的光芒（图 2-31，图 2-32）。

作为城市新地标，经济振兴计划中的关键要素，以及新旧之间的联系点，蒙斯中央会议中心（Centre De Congrès à Mons，Mons，Belgium）采用包层开放的形式，使轴承结构（呈螺旋状上升的色带混凝土墙）具有质感和光线。特别是下墙覆盖着的垂直状木材垂直板条，与其上端沿墙壁弯曲设置的氧化铝带，形成材质拼贴的艺术效果，呼应与其周边世界文化遗产——17 世纪的 Beffroi 塔及卡拉特拉瓦设计的新火车站的共生关联（图 3-33，图 3-34）。

3）双壳表层

双壳表层是李伯斯金惯常设计的造型效果，即通过多种结构嵌套，或借助透明材质的双层表皮形式，加强建筑层次性。杜塞尔多夫 Kö-Bogen 商业中心（Kö-Bogen Düsseldorf，Düsseldorf，Germany）的综合大楼由两个结构镶嵌而成：一个

图 2-31　芬兰坦佩雷竞技场外观 [20]

图 2-32　芬兰坦佩雷竞技场表皮细部 [20]

图 2-33　蒙斯中央会议中心外观 [21]

图 2-34　蒙斯中央会议中心表皮细部 [21]

结构向东，一个结构向西，由中央人行通道分隔在地面上，并由两层高的桥梁在上方相连。借助这种镶嵌形式，建筑外立面形成了错综复杂的图案：一些有利的位置水平，其他有利的位置垂直，并使石材和玻璃面板以及铝百叶窗的布置表现出整体性。植树被整合到立面上的切口中，为建筑群附近的景观区域提供额外的阴影和连接（图 2-35）。

Zlota 44 超高层住宅楼（Zlota 44，Warsaw，Poland），借助透明材质形成的双

图 2-35　杜塞尔多夫 Kö-Bogen 商业中心综合楼的双结构镶嵌形式 [22]

层表皮，产生一种叠加的丰富效果，并在形式背后蕴含着丰富的寓意：两层表皮分别代表“华沙的破坏和俄罗斯的重建”，这是李伯斯金童年记忆里，对这座城市最初也最深刻的价值诠释。同时，这种“双壳”表层隐喻一种“吸引与排斥”的两极对立状态，赋予建筑形象以丰满而真实的视觉感受，并随之产生一种建筑磁场，促进观者与建筑之间的情感对话（图 2-36，图 2-37）。

4. 几何体块

李伯斯金建筑创作的终极目标，是发展出一套符合 21 世纪时代精神的复杂理

图 2-36　Zlota 44 超高层住宅楼概念草图 [5]

图 2-37　Zlota 44 超高层住宅楼外观 [5]

性范式。“水晶体”为这种创作追求提供了可能。李伯斯金认为：“水晶是最完美的形式，……我喜欢水晶的光彩剔透，连折射、反射的光线的时候也吸收光线。一般人会认为水晶很复杂——对我而言，水晶充满了神奇魔力。”水晶体是自然的产物，它既简单又复杂，充满无限可能。说它简单，是因为无论怎么切割或重组，水晶的性质是永恒的；说它复杂，是因为水晶体的形状可以千变万化，背后还暗含着大量的数理逻辑和几何定律。李伯斯金的作品，常通过斜面水平生成、单心螺旋上升、多中心螺旋上升等手段，将形态进行空间的复合，从而生成建筑体块的多种面貌。

1）斜面水平生成

皇家安大略博物馆（Michael Lee-Chin Crystal，Royal Ontario Museum，Toronto，Ontario，Canada）体现了李伯斯金标志性的棱角美学和水晶形状：5 座相互联结、自我支撑的棱形结构彼此不停转换着各自所履行的“职务”，并营造出巧夺天公的奇观。表皮包裹下的水晶体在白日会放射出温暖人心的耀眼光芒，在夜色中则营造出神秘与魅惑氛围。建筑就像水晶一样，它在“存在本身的褶皱和侵蚀的线条与神秘文学中渐渐停滞了。抽象？具体？客观？非客观？这不过是秩序的象征。”（图 2-38~ 图 2-41）

图 2-38　皇家安大略博物馆概念草图 [23]

图 2-39　皇家安大略博物馆外观 [24]

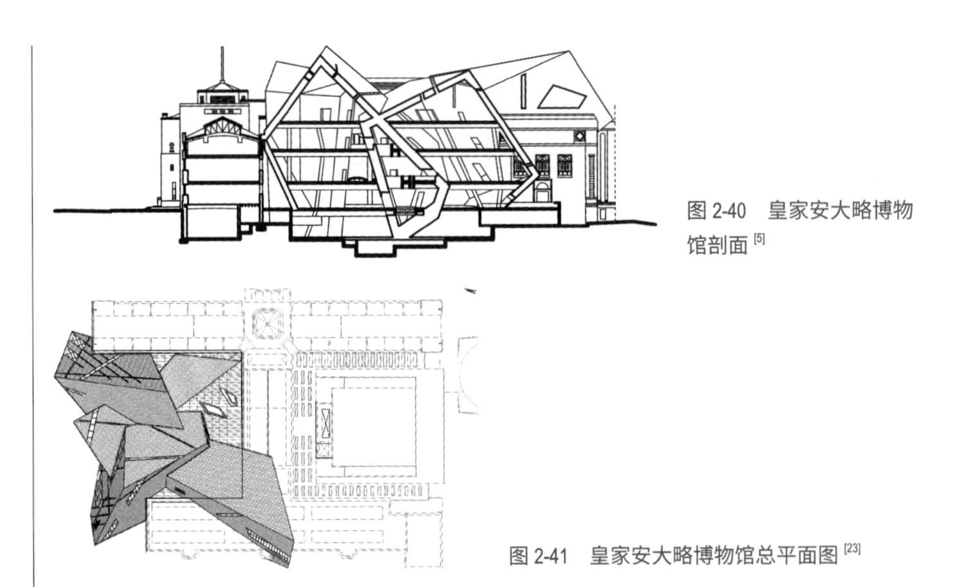

图 2-40　皇家安大略博物馆剖面 [5]

图 2-41　皇家安大略博物馆总平面图 [23]

2）单心螺旋

为强调一条横穿建筑核心区的斜向轴线，李伯斯金在米兰 Citylife 规划中（Citylife Master Plan，Milan，Italy）设计了一座与南侧圆形景观区形状相似的商业建筑（图 2-42，图 2-43）。该建筑的基本平面呈正方形，各层平面以叠印的手法逐层叠加并进行错位扭转。随着高度的上升，建筑的外轮廓线也在不断地发生位

图 2-42　Citylife 规划中的商业建筑 [5]

图 2-43　叠印生成 [5]

移，并根据逐次改变的位移方向和位移量，立面产生微妙的变幻，形成一种动势外观。经过平面的轴心旋转，建筑顶部叠加呈现出一个圆形平面，而每个变截面的扭转处则成为挑出的室外平台和空中绿化。同样的设计手法在科德里纳总体规划（Kodrina Master Plan，Pristina，Kosovo）中也有所体现。

作为拉德芳斯广场区更新计划的重要部分，巴黎国防部信号塔设计竞赛方案

图 2-44　巴黎国防部信号塔外观 [5]

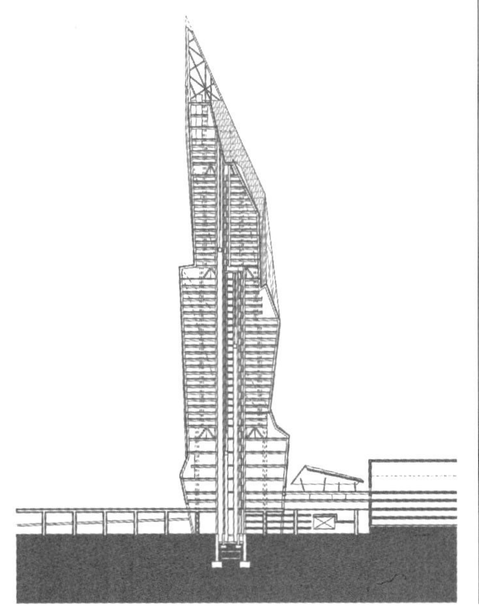

图 2-45　巴黎国防部信号塔剖面 [5]

(Tour Signal，La Defense，Paris)，以“反抗世界的单极文化”为主题，试图在混乱的当今社会中寻求事物之间的对话。李伯斯金借助单心螺旋的设计原理，组织两个相互缠绕的建筑体量，每个体量再由若干个形状各异的水晶体块组成，各水晶体彼此之间以斜面连接作为咬合，形成一种盘旋向上的动势（图 2-44，图 2-45)。

3）多中心螺旋

李伯斯金在 Interni Hybrid/Metissage 建筑设计展览中展示的 Beyond the Wall 装置（Beyond the Wall—Interni Installation，Milan，Italy)，采用多中心螺旋的生成手段，将水晶体沿着多个不同的轨迹从多个方向延展开来，并为呼应石英体态，对水晶体表面做了“绒面革”磨砂处理（图 2-46)。西班牙 Beyond the Wall 装置 (Beyond the Wall，Almeria，Spain）亦采用多中心螺旋状生成方式，8.5 米高的建筑体量展示出这种由超紧凑材料所包覆的现代复杂建筑立面（图 2-47)。

图 2-46　意大利 Beyond the Wall 装置 [24]

图 2-47　西班牙 Beyond the Wall 装置 [25]

二、奇想世界中的空间体验

建筑是空间的艺术。正如 J.V. 休克斯裘指出的："空间就像蜘蛛结网，一切主体本身与对象持有的特性之间，交织成网一样的关系，经过千丝万缕的编制，最后形成主体依赖它而存在的基础"[26]，人类生活在各种具有特定意义的空间之中，没有一个物体是可以脱离空间而存在的，建筑亦是如此。李伯斯金在他奇想的艺术世界里，积极探寻空间本质，并宣称：我认为建筑的意义就是冒险去做那些前所未有的迷人的空间，它们像是所有城市的先驱。空间，不是时尚，也不是装潢。只是希望创造一些不能被重复的，不能在其他地方被模拟的，一个可以呼吸，可以共享，可以梦想的场所。

传统意义上的空间认识论，存在两种答案的普遍共识，即自然生成的物质空间，或是物体创造的精神空间。近年来，随着"空间意识的他者形式"等阐释学思想的出现，这两种空间认识论逐渐呈现出融合的趋势，出现一种超越传统二元论认识空间的可能性，学者将其称为异质空间，又称"第三空间"（Third Space），指代一种差异的综合体，一种随着文化历史语境的变化而改变着外观和意义的"复杂关联域"[27]。

在此基础上，李伯斯金的建筑作品，对建筑空间原始概念提供了更大的开放性与包容性，即不但强调具体的可以被标示、被分析、被解释的物质形式，同时又强调精神以及想象的建构，空间及其生活意义表征的观念形态的建构，并借助各种艺术手段呈现两者的复杂关联。

1. 界面、秩序与尺度

空间艺术是一门表现性的艺术，并通过限定空间实体造型的界面、秩序与尺度得以体现。在信息化的今天，日益加快的生活节奏导致人们审美心理的复杂化。为满足当代冷漠的都市人群交流、并存、保持适宜的距离等心理渴望，建筑空间也由传统的单一空间向多功能复杂的大空间发展。李伯斯金对空间场域的塑造，为人们这种精神需求提供了可能，并在矛盾界面、暧昧秩序、异规尺度等方面诠释了对空间复杂性的意义解读。

1）矛盾界面

李伯斯金相信：完备的观念要远胜于完整的形式，……建筑就是采用各种工具抵抗重力法则，一而再、再而三地重新创造一方天地。通过挑战传统重力法则，大胆创新结构体系，并将这些新奇、充满矛盾并形成强烈视觉冲突的结构构件直接展露出来。李伯斯金的建筑作品解放了传统意义上的建筑设计逻辑，转而以支离破碎的平面模式，离经叛道的外部造型，复杂多变的空间构成，成为激活建筑活力的主要因素。

丹麦犹太人博物馆（Danish Jewish Museum，Copenhagen，Denmark）内部空间，熟悉的空间参考不复存在：倾斜的地板、不成直角的墙面、圆弧的屋顶……没有一个空间不让人驻足反思，置身其中的观者不自觉地形成了错误的空间参考。此时，重力场与视觉经验产生了严重的分歧，让人总是感觉站不稳，并下意识地修正，纠正自己的身体位置。这种游离于真实和想象之外，又融构了真实和想象的"差异空间"，正是李伯斯金试图引领观者穿梭迷走的空间体验以及令人反思的空间观念（图 2-48 ～图 2-52）。

2）暧昧秩序

"暧昧"强调的是一种模棱两可的空间状态，即通过抽象的视觉布局产生某种非真实的空间维度。这种空间往往存在两个或两个以上的可移动视点，这些视点的不断变动激化了空间关系的交叠更替，并随之产生一系列或悬搁、或中立、或颠倒的空间形象。虽然各种穿插的构架使空间体量看上去变得窄小了，但是拓展了总的空间体积感，增加了眼睛对空间运作的敏感度，从而激发了人们的好奇心，在一定程度上促进了人们之间的情感交流和观念表达，并在人与建筑空间之间产生奇妙的化学反应。

借鉴中国传统营建智慧，李伯斯金极力将香港城市大学创作媒体中心（The Run Run Shaw Creative Media Centre，Hong Kong，China）打造成既符合中国文化内涵又满足时代精神的教育高地，即一个理想自由的交流环境，以及一个无法穿越的空间迷宫（图 2-53，图 2-54）。外形选择惯常使用的水晶体造型，并根据方位风水指定不同角度；空间借用中国传统园林的借景、框景等设计手法，刻意添加许多不同标高的凹凸空间，产生一种暧昧状的交流场所，给人耳目一新的感觉。李伯斯金将那些不可能同时在场的事物归纳到同一个场景中，赋予空间一种亦此亦彼的开放性，在一种永无完结的体验过程中，生动地呈现出立体空间的复杂秩序。

3）异规尺度

"异规"追求的是一种超出变异范围的极端形态，即通过空间尺度的强制压

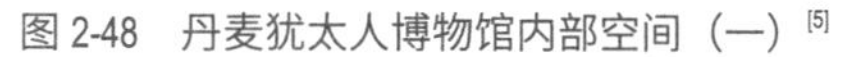

图 2-48 丹麦犹太人博物馆内部空间（一）[5]

图 2-49 丹麦犹太人博物馆内部空间（二）[5]

图 2-50 丹麦犹太人博物馆内部空间（三）[5]

图 2-51 丹麦犹太人博物馆内部空间（四）[5]

缩、结构体系的过度变形将空间尺度做夸张处理。古文明时期，人们便开始注重空间尺度的作用：帕提农神庙通过适应人体尺度的比例创造出具有宁静的美感；罗马万神庙采用超出人的尺度塑造超大的单一空间，借以体现宗教权威。可见，空间形态特征的创造，应该以营造特定的空间氛围为前提，并存在着形象信息意义和情感意义的双重价值。

为展现“眼睛与翅膀”的设计主题，李伯斯金将丹佛美术馆新馆（Extension

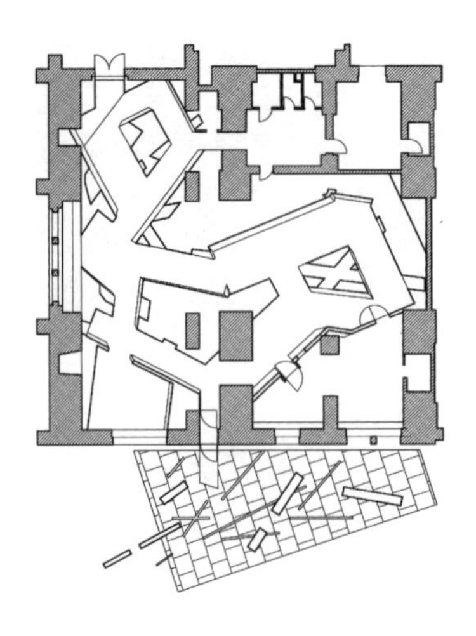

图 2-52　丹麦犹太人博物馆总平面图 [5]

图 2-53　城市大学创作中心外观 [28]

图 2-54　城市大学创作中心内部空间 [29]

to the Denver Art Museum，Frederic C. Hamilton Building，Denver，Colorado） 主体部分设计成一个指向天空的锐利三角形，其内部空间呈锐角状，倾斜的楼板便是无限延伸的楼梯，与室外屋面直接相连；巨大、倾斜的维护结构，穿插在整个空间并直接暴露在外，使原本不规整的空间体量显得更加局促、失衡。李伯斯金解释道：当强制压缩的比例、锐角化的空间维度、零乱斜插的结构体系等一系列互不相容的元素嵌入同一空间内，人们的感官、心理都承受着巨大的挑战，情绪被推向一种无以复加的爆发状态，并最终体会到一种无限向上的内在精神（图 2-55~ 图 2-58）。

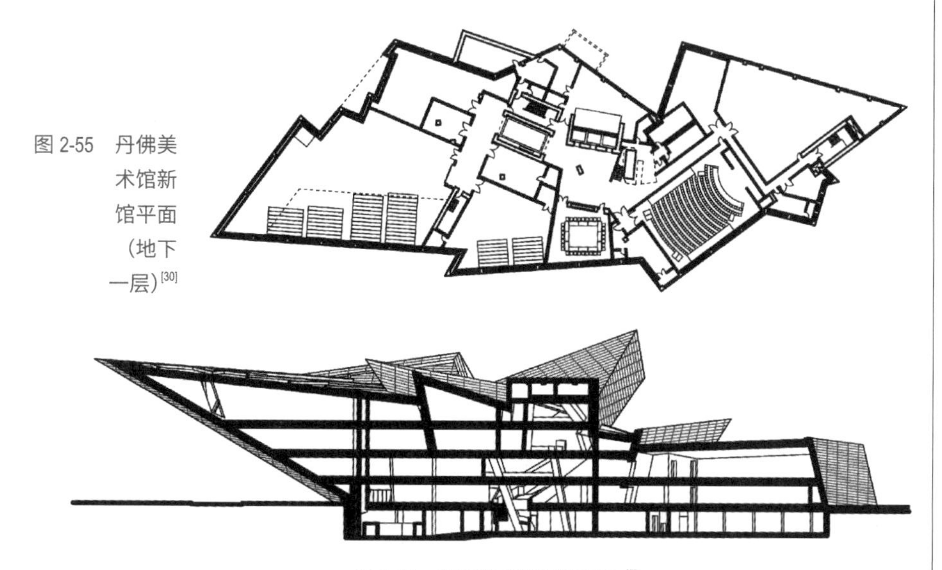

图 2-55 丹佛美术馆新馆平面（地下一层）[30]

图 2-56 丹佛美术馆新馆剖面 [5]

图 2-57 丹佛美术馆新馆内部空间（一）[30]

图 2-58　丹佛美术馆新馆内部空间（二）[30]

2. 场所、路径与内容

苏珊·朗格（Susanne K.Langer，1895—1982）以二级幻像的美学概念，强调不同门类的艺术形象在相互融合中产生的通感效果[31]。作为承载建筑生命形式的空间创作，借助时间性或过程性的互动体验，使其呈现出具备通感效果（二级幻像）的意义表述[32]。李伯斯金认为建筑是一种带有叙事性和表情性的艺术，并宣称：空间建构如同音乐一样，都有独特的声音和调子。为进一步阐释该观点，李伯斯金参考伯纳德·屈米（Bernard Tschumi，1944—）在《建筑与断裂》书中指出的“空间理念与空间体验不可分”概念，将空间设定为三个基本要素，即场所（场景）、路径（方向）和内容（意义），并借助三者之间的复杂关联，展开空间艺术创作。其中，场所与路径的关联，是将路径作为观者进入主题空间的前导或连接媒介，形成一种渐入式体验；场所与内容的关联，强调在主题空间内，借助对观者生理或心理的观照，引导观者形成一种沉浸式体验；路径与内容的关联，指代将路径作为展现建筑意义的手段，塑造一种过程性体验。但无论何种空间体验形式，都反映出李伯斯金的建筑作品在空间上呈现出一种贯穿于人们连续行进之中的运动状态。

1）渐入式体验

李伯斯金的建筑作品，常引入多个主题空间，并以并列或递进式的逻辑关系演绎，诠释对建筑意义复杂性的解读。作为引导观者进入主题空间的前导序列、连接各主题空间的过渡媒介，甚至是主题空间场所意义的拓展与延续，路径与场所（主题空间）联系密切，并引导观者形成一种渐进式的空间体验过程。

在伊拉克库尔德文化博物馆（Kurdistan Museum，Erbil，IraqIn）设计中，为将代表土耳其、叙利亚、伊朗和伊拉克的四个相互关联的几何体块连接起来，李伯斯金选择了一道线性空间，并将其分成两个角度片段，通过空间氛围塑造的差异性，即实体体块安法尔线（the anfal line）与网架体块自由之线（the liberty line），分别代表库尔德斯坦的过去和未来。在两线之间的交界处设置一个露天庭院，作为博物馆中心的凝思空间，并引入历史城市景观要素，引导观者进入主题空间的高潮部分，最终感悟到设计者赋予建筑本身的空间意义（图 2-59~ 图 2-60）。

在皇家安大略博物馆（Michael Lee-Chin Crystal，Royal Ontario Museum，Toronto，Ontario，Canada）的入口处，李伯斯金设置若干条线性通道作为空间开始的发端，引导观者的注意力集中到眼下的环境刺激中，并将他们的心理指向投射到主题空间的期待中。随后，李伯斯金采用几组或悬搁颠倒、或迂回曲折的复杂序列，掺杂着忽隐忽现、时有时无的景物节点来制造悬念，引导空间的延续。当人们置身于主题空间内，最终会发现期待已久并焦急寻觅的终极目标已经悄然等待着他们的光临。而在空间收尾处，又以虚收的手法使人们产生一种“景断而意不尽”的空间感受（图 2-61~ 图 2-63）。

图 2-59　安法尔线空间氛围 [33]

图 2-60　自由之线空间氛围 [34]

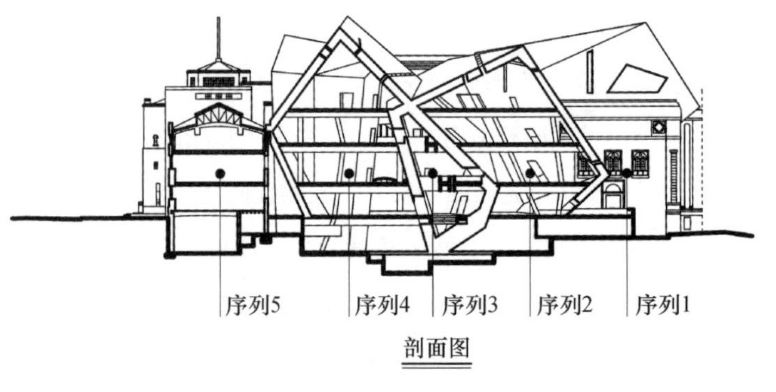

图 2-61 皇家安大略博物馆主题空间序列[5]

图 2-62 皇家安大略博物馆空间路径（一）[5]

图 2-63 皇家安大略博物馆空间路径（二）[5]

2）沉浸式体验

李伯斯金特别善于在异质空间内，借助立体投影技术、三维计算机图形技术和音响技术等技术手段，营造一个完全沉浸式的虚拟环境，引导观者完全进入到空间叙事的演绎情境中。

在曼彻斯特帝国战争博物馆（Imperial War Museum North，Manchester，United Kingdom），李伯斯金首先以悬吊于半空的战机作为开场白，然后将一些与战争有关的大字报、图片及实物不规则地布置开来，强化人们的危机意识（图 2-64，图 2-65）。绕过一个转弯，战炮、火箭等武器都像雕塑品似的拱立在通道两侧，灯光突然像电影开场时那样渐渐地暗了下来，炮火声突然从四方响起，大片的白色墙面变成了电影屏幕，一场声光效果兼具的动态多媒体秀呼应了人们内心深处的运动历程。但当转到餐厅时，明亮的空间基调一扫之前的紧张氛围，创造出片刻的安详与稳定。

在武汉汉阳钢铁厂旧址上修建的张之洞与武汉博物馆（Museum of Zhang Zhidong，Wuhan，China），形如“方舟”悬入空中，借鉴中国古象形文字元素，以原始动态螺旋的结构逻辑，将三条叙述主线平衡且完整地融入到建筑与景观中，并在三层的建筑空间中，分别叙述“近代工业的浪潮”“近代工业希望之城”“近代工业摇篮”三大主题。为加强空间体验认知，主题空间由张之洞全身铜像开始，

图 2-64　曼彻斯特帝国战争博物馆异质空间

图 2-65　空间内虚拟场景塑造

通过互动沙盘、历史实物、资料图片、情景再造等，立体展现“汉阳造”及武汉近代工业发展的全景画面（图 2-66~ 图 2-69）[35]。

图 2-66　张之洞与武汉博物馆外观 [36]

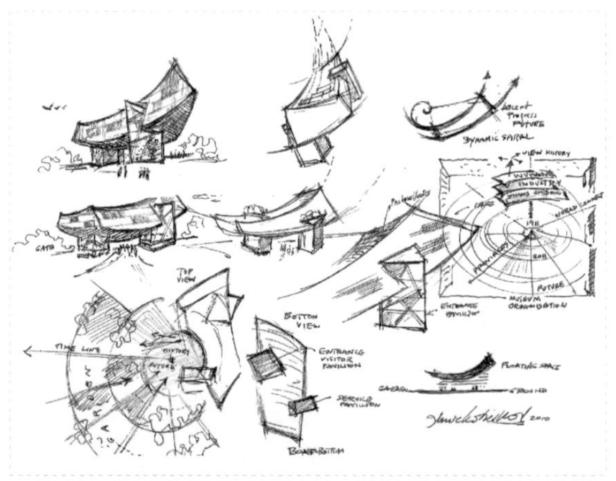

图 2-67　张之洞与武汉博物馆概念草图 [36]

图 2-68　张之洞与武汉博物馆空间内虚拟场景塑造（一）[37]

图 2-69 张之洞与武汉博物馆空间内虚拟场景塑造（二）[37]

3）过程性体验

空间就是事件，一个可以诉说情感的场所。将观者活动的线性空间（路径）作为展现建筑意义的手段，就是将建筑陈述的“故事情节”，借助线性空间展现连续的视觉变化，与人们运动的轨迹产生关联。

作为一个让人们进行沉思、反思并给大家带来希望的场所，荷兰大屠杀纪念馆（Dutch Holocaust Memorial of Names，Amsterdam，Netherlands）以“大卫之星”的几何构造线为指示路径，形成观览通道。通道由两米高的砖墙连接，且上方盘旋着四组镜面精加工的不锈钢体量。这些墙面承载着记忆的信息，即墙面由 102000 块砖组成，每块砖刻有一个受害者的名字，并留下了 1000 块空白砖，以纪念未知的受害者。由于这些信息被刻入一个稳定的碎石表面，故在日落后，当纪念碑灯光点亮，人们仍然能在黑暗中看清名字，并在每个时段都能清晰呈现。此外，路径上砖材与不锈钢的物质反差，对应了城市过去与现在之间的关联，而几何构造线会在一个狭窄的空隙内，给观者产生钢字母悬停的观感错觉，以此隐喻荷兰历史和文化的中断（图 2-70~ 图 2-73）。

在意大利威尼斯双年展上，围绕弧形展墙布置着约 100 幅李伯斯金从未展出

图 2-70 荷兰大屠杀纪念馆概念草图[38]

图 2-71　荷兰大屠杀纪念馆鸟瞰 [39]

图 2-72　荷兰大屠杀纪念馆通道墙体 [40]

图 2-73　荷兰大屠杀纪念馆通道路径 [41]

过的画作。这些用钢笔和棕褐色手工制成的绘画作品，从“微显微”（Micromegas）、“拼贴画迷”（Collage Rebus）到“室内乐”（Chamber Works）系列研究，再到诗意巴比伦（Sonnets in Babylon），模棱两可的绘画形式，交替地唤起了贫民窟、未来派城市、机械零件，甚至人体的各个部分，几乎涵盖了他对建筑创作的理性与追求。透过陶瓷工艺丝网印刷的大型玻璃板，这些绘画作品以极为炫目的视觉效果沿着观者路径布置开来，形成连续的景观序列（图 2-74，图 2-75）。

3. 气氛、情绪与时间

建筑空间与光历来联系密切。从古罗马万神庙到柯布西埃的朗香教堂，从路易斯·康的金贝尔美术馆到安藤忠雄的光之教堂……每一座建筑都呈现出设计者对空间关联性的极致追求。理查德·罗杰斯说过：“建筑是捕捉光的容器，就如同乐器如何捕捉音乐一样，光需要可使之展示的建筑”[43]，李伯斯金同样认为设计

图 2-74 诗意巴比伦装置（一）[42]

图 2-75 诗意巴比伦装置（二）[42]

空间就是设计光亮，光不但“是一切事物的度量”，而且还反映着某种特定的精神内涵。

1）氛围空间

作为一个全新的景观设计术语，氛围空间（Atmosphere Space）是指借助场地 / 空间并利用设计手段，营造所需的场所氛围，其营造目的是让参与者产生设计者所预先设定的心理变化。光作为营造建筑氛围的工具，因建筑功能类型的不同，被以不同方式引入到建筑内部。

不同于李伯斯金设计的其他犹太博物馆建筑作品，圣弗朗西斯科当代犹太人博物馆（Contemporary Jewish Museum，San Francisco，California，USA）以包容、开放的设计语言，尊重圣弗朗西斯科“自由、好奇心和可能性”的城市精神，彰显犹太文化在传统与革新间迸发出的新的生命力。原始概念草图描绘的是一个蓝色水晶结构从红砖古典建筑中迸发而出，仿佛夜空中闪耀的黎明光辉，充满惊喜与力量感。建成后的博物馆保留最初的简洁和力度，深灰色的几何体块源自希伯来字母“chen”和“yut”，即“生命”之意。这种隐喻生命的手法在空间与光的营造中更为突出：门厅倾斜在墙上用狭长灯带和灯箱拼写出的希伯来文“Pardes”

（天堂），二层展厅空间中没有一面垂直墙面或一个直角空间，只有 36 个平行四边形的窗户（36 是犹太数理中的重要数字），阳光从中倾泻而下，塑造一种静谧、友好的空间氛围，聆听时间的声音，并与展厅作为声音装置的功能属性相契合（图 2-76~ 图 2-80）。

德国德累斯顿军事博物馆（Military History Museum，Dresden，Germany）扩展工程，打破原建筑的对称和平衡，采用一个钢筋混凝土玻璃体与博物馆原主体建筑贯穿交叉在一起。形成的 25m 高台位于玻璃体顶端，站在高台上，既能俯瞰德累斯顿景色，还能捕捉到“二战”时期盟军对德累斯顿的轰炸原始，发人深省[45]。玻璃材质的新立面通透明亮，内部空间自然温暖，与原有建筑的封闭感及冷峻形成强烈对比，不同的场所氛围还分别映射出当下民主社会的透明和宽容，以及过去极权主义的独裁与专制，展现出空间品质的差异化特征（图 2-81~ 图 2-83）。

2）情绪空间

空间物质通过视觉、听觉、嗅觉、味觉、触觉、光感、人体工程学等，多维度刺激人的大脑皮层，从而引发不同程度和不同类型的情绪状态。这种刺激让人产生不同情绪反应的空间称为情绪空间，并具备可控性、可调节性、可创造性与

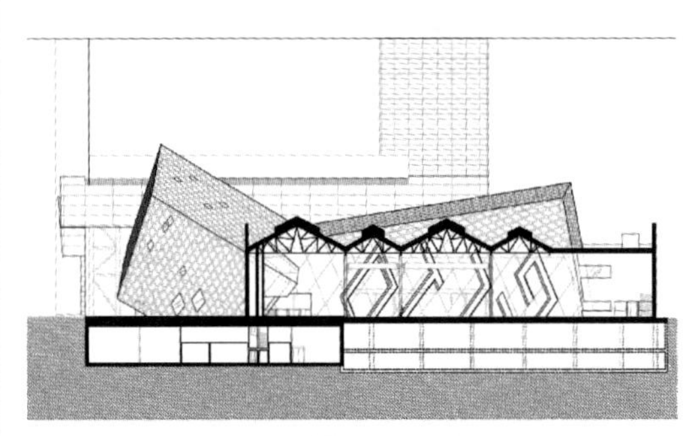

图 2-76　入口门厅剖面[44]

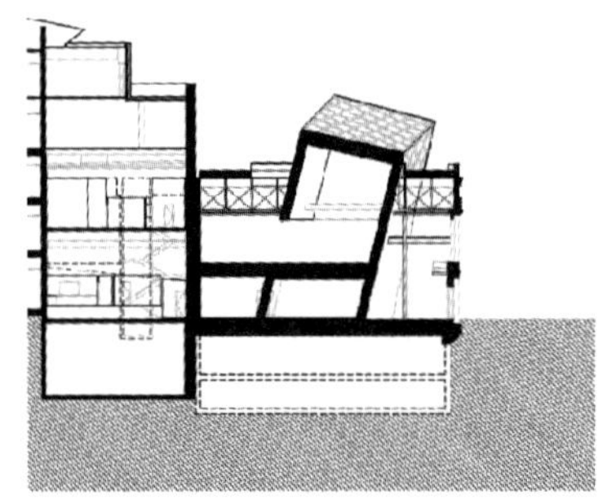

图 2-77　二层展厅剖面[44]

图 2-78　概念草图[44]

图 2-79　二层展厅室内照片[44]

图 2-80　入口门厅室内照片[44]

图 2-81 新建部分明亮的室内氛围[45]

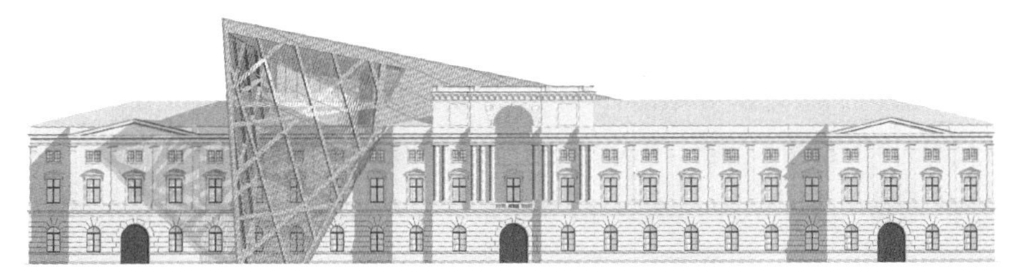

图 2-82 德累斯顿军事博物馆扩展工程立面模型[5]

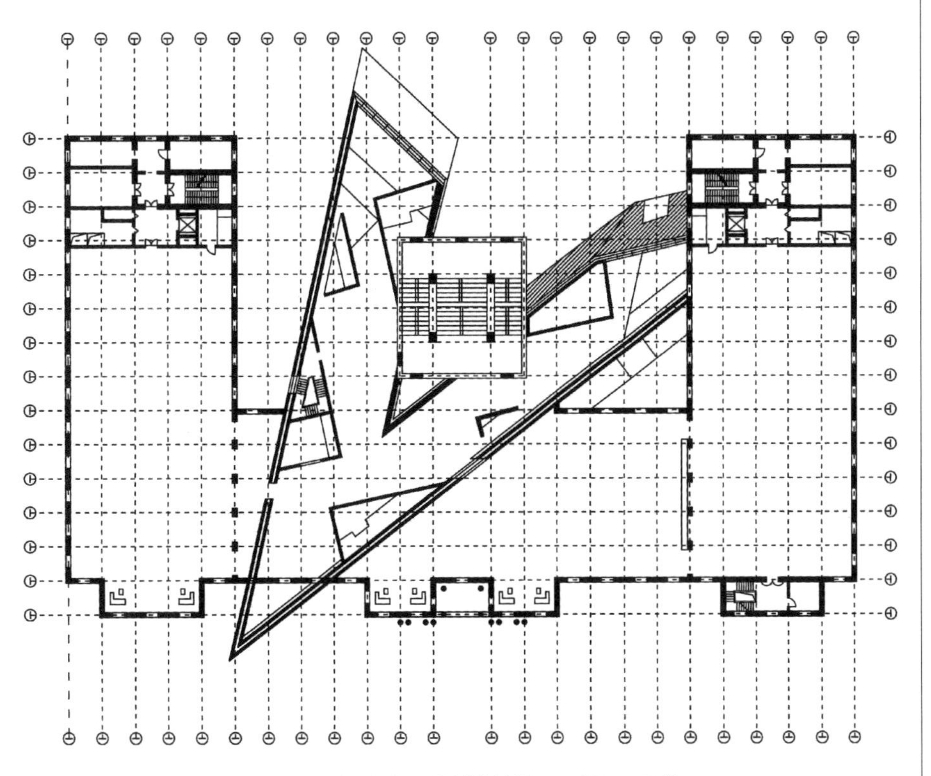

图 2-83 德累斯顿军事博物馆扩展工程平面图[5]

可拆解性的特征[46]。光在情绪空间中的核心作用是塑造人们的空间感知，营造并表达生活中精神维度的感受和情绪，并使之产生情感共鸣。

李伯斯金的童年记忆，充斥着大量的灰色元素：欧洲北部冬日天空愤怒的灰，工业城市罗兹的灰尘，集权主义的灰暗以及当时人们心中的灰暗，等等。我们可以感受到李伯斯金建筑作品中想要寻找心灵慰藉的渴望，虽然儿时喜欢躲在天井的阴影里，但他却极力与光结缘，当有一缕阳光偶然间倾泻而下时，饥饿、战争、死亡……所有无力面对的恐惧感便会顷刻间消失不见，“站在这里，回忆所能回忆的，所能想起的都沉浸于光亮之中，其余的则隐身于黑暗，不是吗？过去消逝于黑暗中，而未来还是一片未知，只是点点星光。”[47]李伯斯金为光赋予了最初的象征寓意，他用黑暗来描绘光明，用光明来指引心灵。

柏林犹太人博物馆（Jewish Museum Berlin，Berlin，Germany）设有多处封闭、幽暗、空无一物的空间，当人们缓缓走进建筑内部，四周幽深的黑暗也逐渐蔓延开来，粗粝的墙面、狭窄的空间挤压着人们的感官，抬头望去，建筑顶部一缕阳光倾泻而下，但却不到底，令人向往又有无尽的缥缈，沉静与深思是观者在这个空间中仅留的情绪；走向建筑尽端，耀眼的光芒近在眼前，但倾斜的柱阵却让人不能轻易进入穿行，远处美好的景致也只能在狭缝中窥视，这种引人深思的情绪再一次悄然而至。“光亮几乎存在于黑暗之中”，李伯斯金如是说，也许正是因为空间黑得如此宽阔而坦荡，思想之光、情感之光才会长驱直入（图 2-84，图 2-85）。

图 2-84　柏林犹太人博物馆“虚空间”

图 2-85 柏林犹太人博物馆流亡者花园

1957 年，李伯斯金全家迁往以色列，那里是一个拥有绚烂阳光的国度，当地居民将阳光视为生命一样珍贵。他们坚信：阳光是一种归于上帝的荣耀，它是指引天国的象征，洗刷着人们征尘中疲惫的心灵。李伯斯金也认为光代表着神，应占据着空间的主导地位。他宣称：“光，是何等特殊而有力量。光线充满了希望。谈到光，怎么能不谈到神圣？不谈超乎人类的东西？不谈完美？”因此，李伯斯金又为光赋予了更为深刻的寓意，即一种圣灵的指引，一种神性的光辉。

以色列阳光之城拉马丹市，将阳光视为一种善的隐喻，人们以亲吻大地的方式来表达内心对阳光的崇敬。李伯斯金设计的巴尔 - 伊兰大学会议中心新馆（The Wohl Centre，Ramat-Gan，Israel），以赤黄色的金属材料将建筑包裹成一个发光的能量源，暗喻当地对阳光的敬仰。设计理念是“声音和回声”，象征世俗与神圣是巴尔 - 伊兰大学的基本组成部分，并借助几何体块的相互穿插构成，在指代当地关于远古星宿排序传说的基础上，隐喻知识与信仰之间的相互关系。在这个充满神圣感的建筑内部，借助自然光的射入与人工照明设计，空间显示出一片祥和安静，成为对这座大学内在品质的最佳诠释（图 2-86~ 图 2-89）。

3）时光空间

1988 年，李伯斯金以建筑空间为名展开一系列空间研究。他认为人对空间的感知必须有光的参与，所谓人与空间的关系其实就是立体空间的三维参量和光线在随着时间而变化的空间体系。因此，他创造的空间“不再是抽象的、均质的、

图 2-86　金属材料包裹的建筑造型 [5]

图 2-87　空间环境照片 [5]

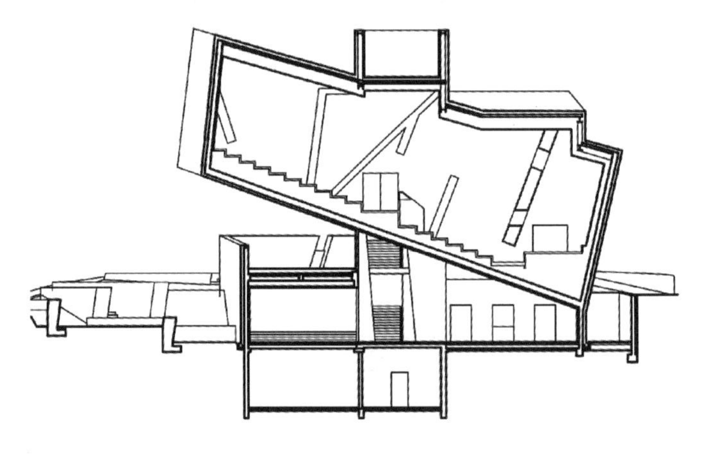

图 2-88　剖面图 [5]

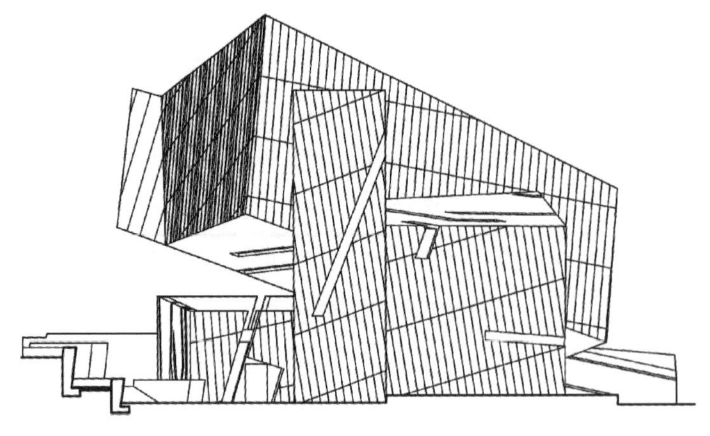

图 2-89　立面图 [5]

单一的空间，而是由动作空间、审美空间、直觉空间、交往空间构成的异质空间的综合体”[48]。光与影的交舞雕刻出时间的变化，为空间赋予了时间的意义。

如同马列维奇用白色来表达光线一样，李伯斯金也赞同：“白色是稳定而有效展现以光为主题建筑的基本条件：白色捕捉光束，反射光线，是用光来刻画的画布，对光进行编辑转换。一旦光线被精确控制，而塑造光的表面被照亮，就把握住了这个空间。”[48] 李伯斯金以干净、简洁的白色实体，作为芭芭拉·魏尔工作室（Studio Weil，Majorca，Spain）呈现光与影的工具，并借助墙上的影子将本来无定形、不可捉摸却又真实存在的光抽象地定格下来，将光转化为清晰的可触摸的物质。当人们感受到空间变化的时候，他们的灵魂就已经接触到了时间的流逝，见证了我们刚刚失去的时间，而这恰恰见证了时间的永恒与短暂（图 2-90）。

优秀的建筑通常能给人以神秘却真实的感官体验，那就是美。对李伯斯金而言，建筑是美与精神体验的诗意营造，而光正是赋予空间诗意与强烈情感的要素，光将美凝固于其中，触动观者。

图 2-90 芭芭拉·魏尔工作室 [5]

三、复杂性形态的技术美学

建筑应该是时代的镜子[49]。

斯蒂芬·霍金（1942—2018）曾宣称："21 世纪将是复杂性的世纪。"作为一个不同于以往任何时期的建筑新纪元，起始于 20 世纪 90 年代的复杂性建筑思潮，是在多元文化发展、艺术形式的渗透交融，科学交叉及计算机辅助技术快速发展下产生的。系统论、耗散结构理论、协同理论、混沌理论、分形几何等整体系统性、复杂性理论的不断涌现，使设计师不再将功能、造型、比例等作为审视建筑的唯一标准，他们开始不断突破以正交体系和欧几里德几何为主导的建筑形态体系，借助新的设计语言与审美情趣表达当代生活中的复杂性特征[50]。

受雅克·德里达（Jacques Derrida，1930—2004）解构主义哲学与吉尔·德勒兹（Gilles Deleuze，1925—1995）后现代哲学理论的影响，李伯斯金的建筑作品虽具有显著的解构主义风格特征，但其理论思维和形式源泉却逐渐呈现出与复杂性科学和拓扑数学等非欧几里得几何的密切关联，并实现从形而上的哲学概念与观念艺术，到真实可实施的科学转化。以下将基于分形几何、拓扑几何、晶体几何等理论观点，描述李伯斯金建筑作品的复杂性形态，分析其运用的技术语言及呈现的技术美学特征。

1. 基于分形几何的自相似性

李伯斯金曾说过："分形是当代艺术的史学表征。"作为 20 世纪重大科学发现之一，分形理论旨在运用数学几何去反映、研究纷繁复杂的大自然，这对传统的欧几里得几何以及系统的世界观和方法论带来强烈冲击，并广泛应用到各个科学领域中[51]。所谓分形，就是研究物体自相似性的一门学科，即具有"粗糙和自相似"的特征的各种不规则图形或函数或点集（B. B. Mandelbrot，1924—2010）（图 2-91，图 2-92）[52]。应用到建筑领域中的分形理论，主要包括自相似、尺度层级和重复、镶嵌韵律理论，以及自相似性同构、尺度缩放迭代、重复并置和分形比较等建筑设计方法[51]，并主要集聚于建筑形式与城市、建筑群体之间以及建筑自身生成逻辑的推演。

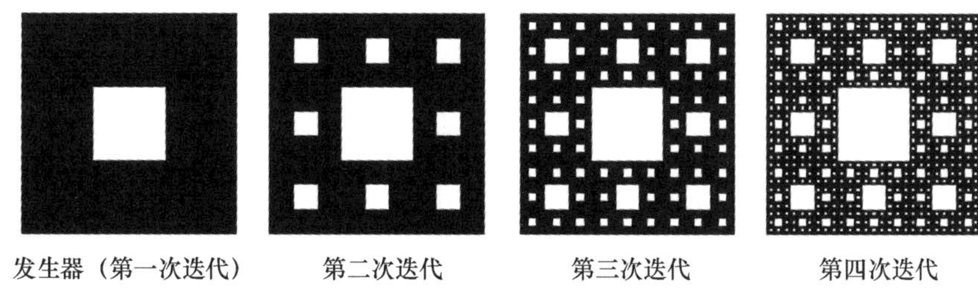

图 2-91 Sierpinski 地毯的迭代生成过程 [53]

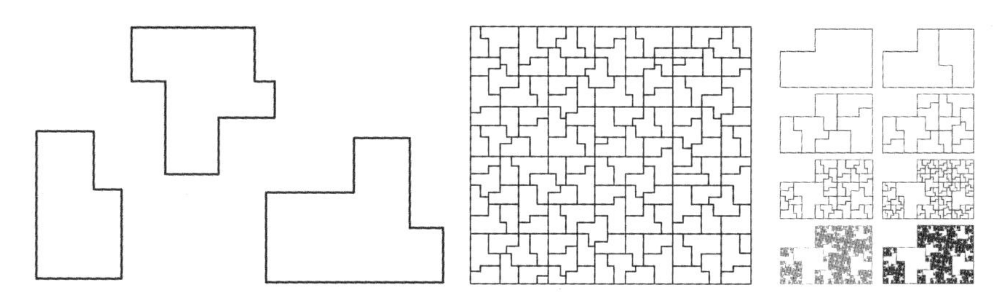

图 2-92 维多利亚·阿尔伯特博物馆新馆表皮的分形过程 [54]

1）建筑与环境之间的有机联系

1994 年巴迪和隆雷最早从分形几何的角度分析城市形态，阐述城市和建筑的多样和复杂性关联 [55]。1995 年出版的《一个物理学家眼里的建筑法则》（*The Laws of Architecture From a Physicist's Perspective*），作者以分形科学的角度探索建筑和城市的基本法则，标志着分形建筑理论正式诞生 [56]。随后近 30 年的理论发展与实践均表明，该理论的基本观点便是从分形理论角度阐释建筑与环境的有机联系。李伯斯金坚信建筑与环境之间存在天然的遗传关系，因此他借用树木等自然元素结构形态的分形原理，或是与建筑所在地形条件的观照衍生，赋予其建筑作品自然、机械和生物的技能，呈现建筑与环境之间的自相似性。

在纽约塔（New York Tower，New York，USA）设计方案中，李伯斯金借用树木分形原理，以树状结构形态作为组织建筑生态绿化系统的技术手段，并通过分解塔身，形成巨构状的螺旋花园，延续了麦迪逊广场公园（Madison Square Park）的绿色景观，从而使本该高耸冰冷的高层建筑与周围环境建立起了友好关系（图 2-93 ～图 2-95）。

在立陶宛古根海姆博物馆（Hermitage-Guggenheim Vilnius Museum，Vilnius，Lithuania）设计方案中，李伯斯金将地面变成形象，从自然地貌中寻求建筑新形态，建筑自身通过扭曲、褶皱和螺旋上升等手段，形成一个连续向上的表皮结构与形式语言。螺旋和流动的建筑体量，除使建筑表皮与地表形态产生呼应和融合外，还赋予了建筑空间运动感与流动感（图 2-96~ 图 2-100）。

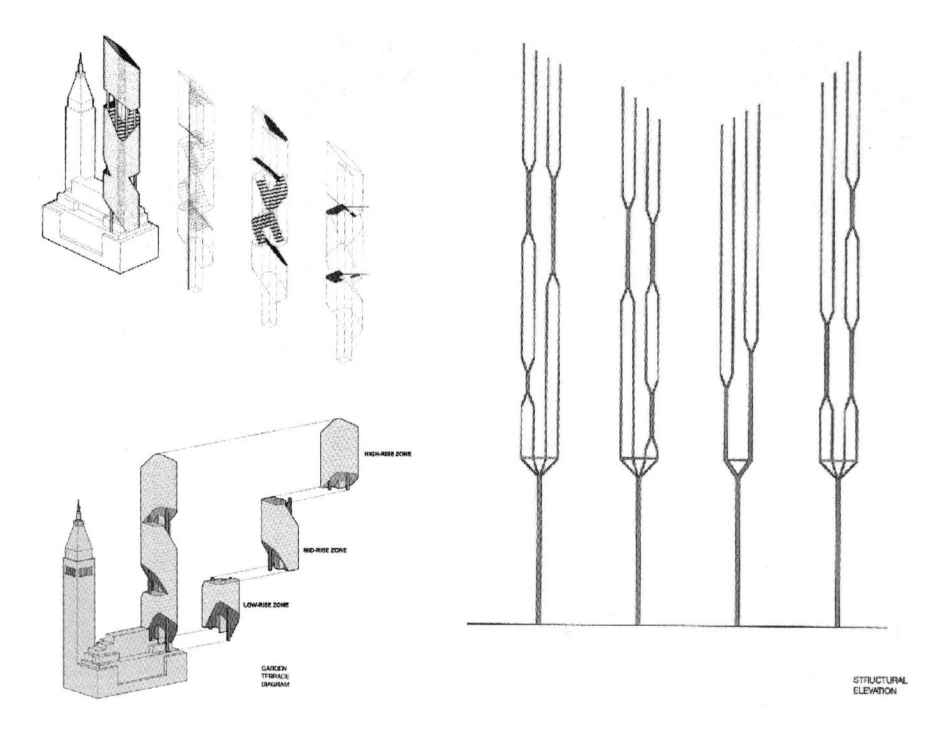

图 2-93　基于树状结构形态的分形设计 [5]

图 2-94　螺旋花园分布示意图 [5]

图 2-95　外观 [5]

图 2-96　总平面图 [5]

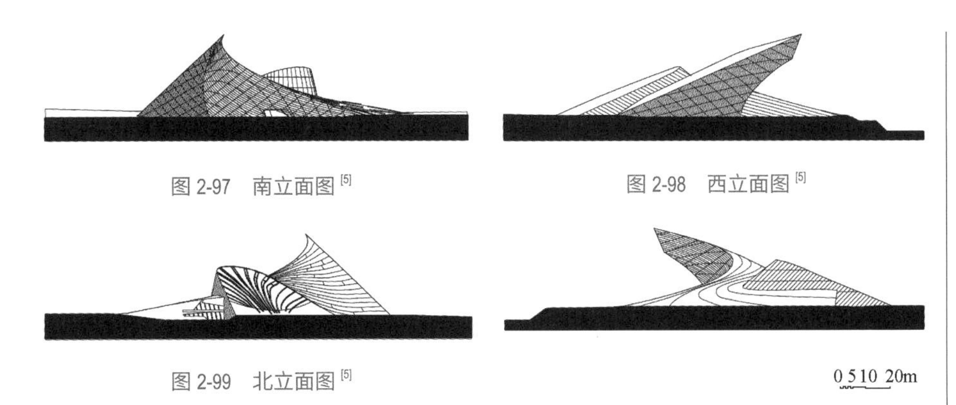

图 2-97 南立面图[5]

图 2-98 西立面图[5]

图 2-99 北立面图[5]

图 2-100 东立面图[5]

2）体块之间的尺度层级与重复

20 世纪 90 年代，卡尔 · 巴维尔（Carl Bovill）等对欧洲古典建筑与现代建筑进行分形审美的比较研究，认为古典建筑分维值大，尺度层级丰富，反映了复杂而丰富的自然属性，更符合人性化的审美要求。解构主义建筑师亦尝试采用分形维度和尺度层级理论的科学理性，突破现代建筑单一的欧几里得几何属性，赋予建筑形态更为丰富的自相似对称、递归尺度层级和镶嵌规律的美学特征，使分形建筑美学成为建筑设计与评介的一种科学理性方法。李伯斯金善用分形尺度缩放的手法，使其建筑作品在强调数学比例关系的同时，拥有多重尺度的塑造，形成体块间的尺度层级与重复效果。

米兰 Citylife 规划设计中的住宅楼（Citylife Residences，Milan，Italy）采用分形理论中的迭代系统生成方法，以一种自相似性的分形效果组织建筑形态，即以竖直向矩形作为建筑形式的基本元素，再以受力结构变形，依据建造跨度设置适宜的层级受力，构成自相似的结构体系。另外，突出形体间的自相似性与关联性，在个别垂直面上覆木构表皮，与完全抽象的白色体块形成对比，塑造了一种和谐的整体秩序，突出了建筑形体的生成语法与逻辑（图 2-101）。

图 2-101 米兰 Citylife 规划住宅楼

在新加坡吉宝湾映水苑住宅（Reflections at Keppel Bay，Keppel Bay，Singapore）设计方案中，6幢波浪起伏的高层住宅楼通过分形迭代对自然形态进行转译，并借助曲线结构变化，形成开放与闭合、差异与融合的建筑体态。这种变换的形式也使每一层住户都能看到与其他楼层不同的风景。而其他低层住宅楼在形状和方向上与之皆不相同，却又互相融合。这种隐喻的自相似性形体连接了整个场地，将其编织在同构的平面和结构形式映射下（图2-102 ～图2-104）。

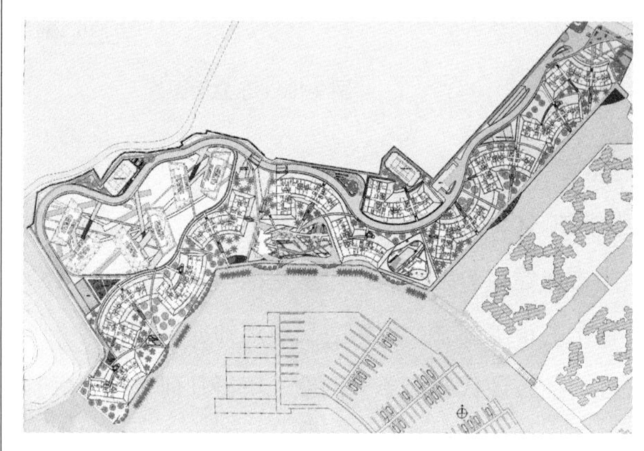

图2-102　吉宝湾映水苑住宅总平面图[5]

图2-103　吉宝湾映水苑住宅立面图[5]

图2-104　吉宝湾映水苑住宅现场照片

3）构件之间的重复并置与同构

秩序来自形状的重复，即随着形状重复的次数增多，最终形成的自相似性与秩序感越来越强。“同构”为重复并置的建筑构件赋予了复杂性的内涵。当代建筑形式中的分形效果，不一定通过分形迭代对自然形态进行转译形成，也可以通过重复、同构等典型的分形美学特征得以体现。李伯斯金常将门窗、屋顶、外墙面与抽象化符号，梁、柱与内墙等构件的形状做重复或同构处理，从而形成自相似的整体效果。

李伯斯金设计的位于德国达特林的别墅（The Villa-Libeskind Signature Series，Datteln，Germany）采用木、锌、铝三种建筑材料，并借助三个不同角度镶嵌的预制结构，形成了对称、双层和动态的建筑造型。为加强建筑形态整体性，门窗、楼梯、玻璃隔墙等构件亦采用不规则形状，形成了一种重复并置及同构效果（图2-105，图2-106）。

科德里纳总体规划（Kodrina Master Plan，Pristina，Kosovo）中的住宅建筑外观，以突出墙面或内凹的阳台作为丰富建筑立面的手段，与建筑门窗形成重复并置的同构效果，旨在塑造一个组织清晰但却变化多端的视觉形象，营造一种轻松定向和令人难忘的空间体验（图2-107）。

图2-105 与墙面同构的门窗[57]

图2-106 与门窗同构的玻璃隔断[57]

图 2-107 阳台与窗户的重复并置[58]

20 世纪艺术对形式的极大重视催生了一种与科学中形式主义革命相并行的艺术革命，并说明了艺术与科学存在于同一个意义世界里。分形作为李伯斯金解读建筑形态复杂性的一种技术手段，使其建筑作品成为兼具内向建筑思想、良好艺术修养及严谨数理知识的一种具有艺术气息的“数学产物”。

2. 基于拓扑几何的异构美学

拓扑学是研究连续变形下几何形体的属性的数学分支[59]，又被称为橡胶片的几何，即通过拓扑变形，一个正方形可以变为一个圆，球体可变为圆锥体，但不能变为圆环。开放、封闭、连续性和非连接性是这个法则的核心[60]。基于拓扑变形的几何图形，在图形变化和塑形运动中存在无限可能性，并借助计算机辅助技术，真实、准确地模拟这些图形结构的动态演化效果，故被广泛应用在当代复杂性建筑形态创作中，褶皱、纽结、流形等拓扑几何的基本概念，亦成为近年来主要的建筑形式语言之一。

拓扑学创始人 F·克莱因（F.Klein，1849—1925）曾说：“我们应该集中注意力在某种群的基本性质下对象是如何变换的，而不是关注于对象本身。”[61] 拓扑几何作为描述当代复杂性建筑形态的主要手段，根本原因在于除能生成复杂的建筑形态外，借助计算机辅助技术，还能帮助设计者认识建筑形变的深层结构及其形态衍生的逻辑性、可操作性与可描述性，并借助数字化建造方式实施其落地[62]。

强调哲学与建筑的对话一直是李伯斯金的创作原点。受德勒兹褶子理论的影响[63]，李伯斯金善用折叠、卷曲、扭转等手法，将建筑表皮、材料、空间甚至是场地等展开而成一个连续形体，并强调再次折叠，使建筑内部与外部、建筑与环境之间形成新的连接方式，展现一种具有连通性的流动逻辑。

1）折叠

在拓扑几何的形变观念中，“折叠”与德勒兹哲学产生密切关联。折叠意为对折、褶皱、起伏等，既可表示物质“被折叠”的状态，也可强调一种变形方法，一种操作过程。折叠建筑指通过折叠的操作方法，形成一种复杂的、模糊的、流动的室内外空间，即对建筑表皮、材料、空间的折叠，打破各种元素之间的隔阂，重新生成一个复杂系统[64]。当代建筑师将这种形式上的折叠，赋予更深刻的观念意义，并使之成为他们对待差异、多样和复杂性时所极力寻求的一种思想策略。与彼得·艾森曼等先锋建筑师的解读类似，李伯斯金也认为折叠空间表达了关于垂直与水平、建筑与场地、内部与外部的一种新型关系，当代建筑理应关注对潜在、不可预知的偶然“事件”的追求[65]，并以“组织差异、容纳多样、呈现复杂”的折叠形态呈现出来。

为解决场地缺乏公共街道的问题，阿尔巴尼亚地拉那总体规划创建了一个由人行道和自行车道相互连接的绿色庭院复杂系统。作为振兴该区域的催化剂，Magnet 住宅楼（Magnet，Tirana，Albania）借助折叠手法塑造了 45 米高的阶梯状建筑体态，交叉起伏的立面形式，确保了 115 个单元的露台都能看到城市天际线以外的城市山脉，并最大限度地增加了夏季遮阳效果，露台植被也为居民提供了绿色居住区（图 2-108，图 2-109）。

EL 枝形吊灯呈层叠外观。为模仿并复制宇宙光，李伯斯金与天体物理学家合作，采用高度抛光的不锈钢外观和镀金叶内饰，并以 LED 来代表大爆炸和宇宙的膨胀。借助超级计算机运行模拟，将 EL 枝形吊灯发光的时间循环在 14 秒内，并以折叠的造型效果，塑造动态照明，演绎宇宙中质量和结构的演变，以此隐喻宇宙的历史，讲述光的由来（图 2-110）。

图 2-108 折叠状的建筑外观[66]

图 2-109 建筑细部[66]

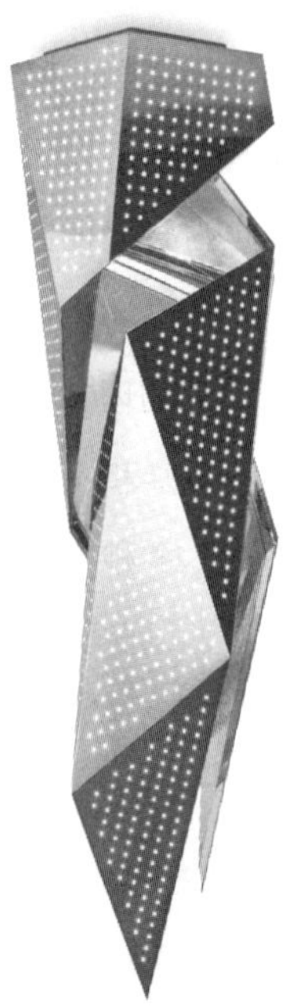

图 2-110 折叠状的 EL 枝形吊灯外观[67]

2）卷曲

与折叠类似，在拓扑几何的形变观念中，卷曲代表着许多短的弯头或转折，也强调一种呈现皱痕或波纹的外观。作为“玫瑰”城市——法国图卢兹的第一高楼，位于米迪运河（Canal du Midi）河畔的 Occitanie 塔楼（Occitanie Tower，Toulouse，France），采用卷曲的手法塑造螺旋上升的结构体态，连续卷曲的建筑表皮由绿化平台进行隔断，树木在建筑物的平台上排列，花园的丝带在玻璃幕墙周围卷曲，模糊了建筑室内外空间界限，且使其处于一种动态的、持续动态转换的过程当中，诠释出李伯斯金对公共空间的时代认知（图 2-111）。

玛吉癌症关怀中心（Maggie’s Centre，London，United Kingdom）采用平整且起伏的木材形式，形成与医院临床环境的鲜明对比，且与四周的种植园环境景观产生呼应。为最大限度地发挥场地潜力，其占地面积较小且随着建筑物的上升而扩展。虽然规模有限，但外墙的卷曲和缝隙优化了隐私、光线和阴影，创造了一个宁静祥和、丰富流动的内部空间，为患者提供了宁静的时光（图 2-112，图 2-113）。

3）扭转

扭转是一种结构术语，表示任意两横截面绕轴线发生相对转动。李伯斯金借用这一概念，塑造出一种柔性、连续的建筑体态。作为对 2015 年米兰世博会“滋养地球，生命之源”的主题探索，中国万科企业馆（Vanke Pavilion，Milan，Italy）

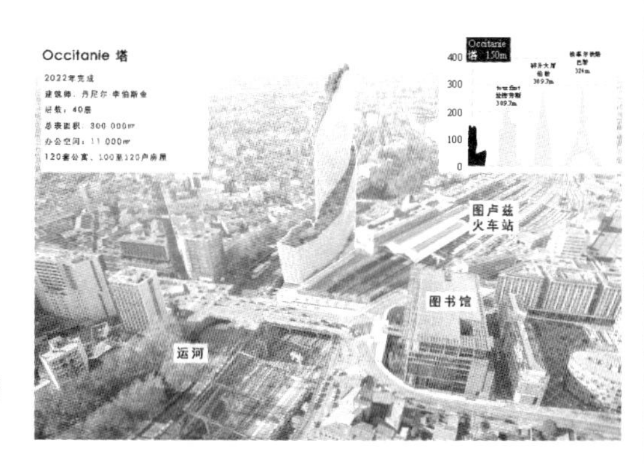

图 2-111　卷曲螺旋上升 Occitanie 塔楼外观 [68]

图 2-112　玛吉癌症关怀中心卷曲状外观（一）[69]

图 2-113　玛吉癌症关怀中心卷曲状外观（二）[69]

选取食堂、景观、中国龙三个与中国文化中食物相关的元素进行设计，并为塑造形如东方破土腾跃而起的“龙”的形象，采用扭转的结构形式，配以叠瓦技术，将300块屏幕悬挂在柱结构上，形成一种充满动势且又变幻莫测的建筑形象（图2-114，图2-115）。

韩国首尔“舞动的塔楼”（Dancing Towers，Seoul，South Korea）设计灵感来自韩国传统的佛教舞蹈（Seung-Moo，僧舞）。为塑造出符合舞者礼服滚滚长袖飘舞的优雅身姿，每个塔楼都有细微的扭转变化，而旋转和扭曲在相对密集的配置下，使光线、空气和视野得以最大化的满足，营造出和谐的运动感（图2-116）。

图2-114　中国万科企业馆扭转状外观[15]

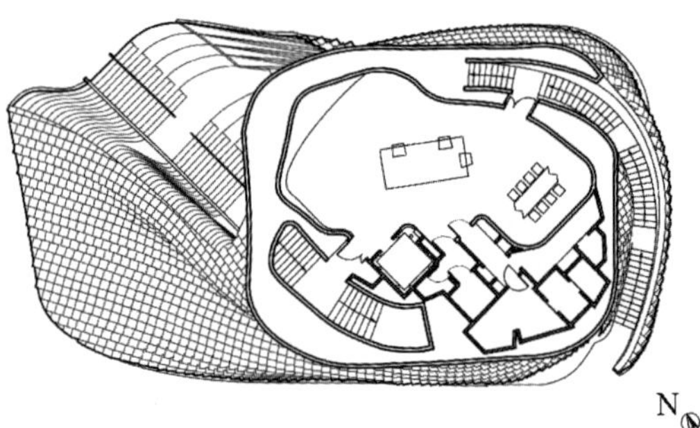

图2-115　参数化生成的平面图（二层）[15]

图2-116　“舞动的塔楼”外观[70]

3. 基于晶体几何的自治生成

水晶体是李伯斯金最常使用的几何图形。作为自然界对几何形式的完美馈赠，晶体结构在成长过程中相互重叠积压，可以衍生有规则的多面体，多个多面体又可以填满一个空间区域，成为天然的建筑空间模型。借助晶体的几何自限性（自发形成封闭的几何外形）、均一性（宏观性质相同）、各向异性（物理性质的方向性）、对称性（内部质点规则排列的无限重复）、最小内能性（晶体是最稳定的）等特征[71]，李伯斯金以晶体镶嵌、晶体螺旋、网格异化等手法，塑造复杂且纯粹的建筑形式。

1）晶体镶嵌

镶嵌（Tessellation）指无重叠、无缝隙地使用封闭图形规则的组合，多为方格网、三角形、六边形等镶嵌方式[72]。镶嵌图形看似简单，但可以塑造成极为复杂的图形，且其精确、规则，充满秩序，超静定结构以及较强的适应性和变化性等优势，使其成为当代建筑师塑造复杂建筑形式的主要手段之一。李伯斯金的建筑作品，多以晶体结构镶嵌的方式呈现复杂的建筑形式。法国尼斯 Thiers-East 站交通枢纽（ICONIC：East Thiers Station，Nice，France）整座建筑由多个面形成雕塑体量，包括以奢侈品为特色的商业空间、露台咖啡厅、享有城市全景的餐厅、希尔顿酒店、600 座大礼堂以及联合办公设施。建筑设计灵感来自蓝铜矿的矿物形态，并借助镶嵌式的生成法则，不但将两个断裂的地块连接起来，重塑了一个新的城市景观与交流空间，而且结合玻璃和金属表面的材料特征，还将城市景观、天空等通过反射表现出来，塑造了一种具有引导性的城市地标（图 2-117）。

图 2-117　形如矿物几何形态的建筑造型[73]

丹佛美术馆附属住宅楼（Denver Art Museum Residences，Denver，Colorado，USA）采用半透明玻璃表皮的柔软品质，结合金属包覆的几何形状，呼应钛合金包覆的丹佛美术馆建筑形式。整组建筑的窗户和凉廊以镶嵌的方式，为建筑立面注入几何元素，赢得了2008年美国建筑师学会颁发的卓越设计奖（图2-118～图2-120）。

图2-118　丹佛美术馆及其附属住宅楼[5]

图2-119　晶体镶嵌的窗户[5]

图 2-120 凉廊[5]

2）晶体螺旋

李伯斯金善用的晶体螺旋是一种非线性、不可预测的几何模型。它的中心是非固定的，而游离的中心与不断变化的半径产生了一个完全不可预测的复杂螺旋形，并通过生成线法则及数学推演得以实现。

生成线法则是指依存于时间的某种特定算法，把线放到时间轴上所产生的速度感，实质上是一种运动的概念。维多利亚·阿尔伯特博物馆新馆，其形态由23块斜向卡板自上而下堆叠而成，错位交接的斜墙面在竖直方向形成了一组相互支撑的受力体系，并在曲面边界形成了拉杆或斜撑。李伯斯金通过一个实验解释道：将一张纸完全等分后折叠，可以得到一个封闭的圆；如果等分并逐次增加间距，则得到一个等角螺旋线；而将等分线倾斜的话，折叠后的形态则是交错叠加的状态。仿照这一原理，他将建筑螺旋线的研究回归到最基本的生成线法则，并通过这个概念抓住了最基本的折叠变化，进而运用在实际的形态操作之中（图2-121 ～图 2-123）。

数学推演是利用一些著名数学理论进行更为深入的实验，激发数学对建筑设计巨大的潜力和可能性。如通过菲波拉切数列（Fibonacci sequence）规律推演的等角螺旋以及借用“神奇方块”（Magic Square，即每一行、每一列与对角线上的数字相加之后等值）对应的数字顺序推演的乌姆玫瑰（Ulam’s Rose）螺旋线的建造方式等。

巴黎国防部信号塔（Tour Signal，La Defense，Paris）竞赛方案，以一种盘旋上升的螺旋姿态呼应着未来拉德芳斯区的勃勃生机（图 2-124）。李伯斯金解释道：新的螺旋形建筑不应该被任何传统的外饰面进行简单的“覆盖”，它需要在表面呈现出某种不断演化的灵活性，与螺旋状墙体所蕴含的动势相辅相成。以水晶几何体为操作母题，李伯斯金采用等角螺旋的交接方式，自动生成一种看似随机的表

图 2-121　维多利亚·阿尔伯特博物馆新馆晶体螺旋状外观[74]

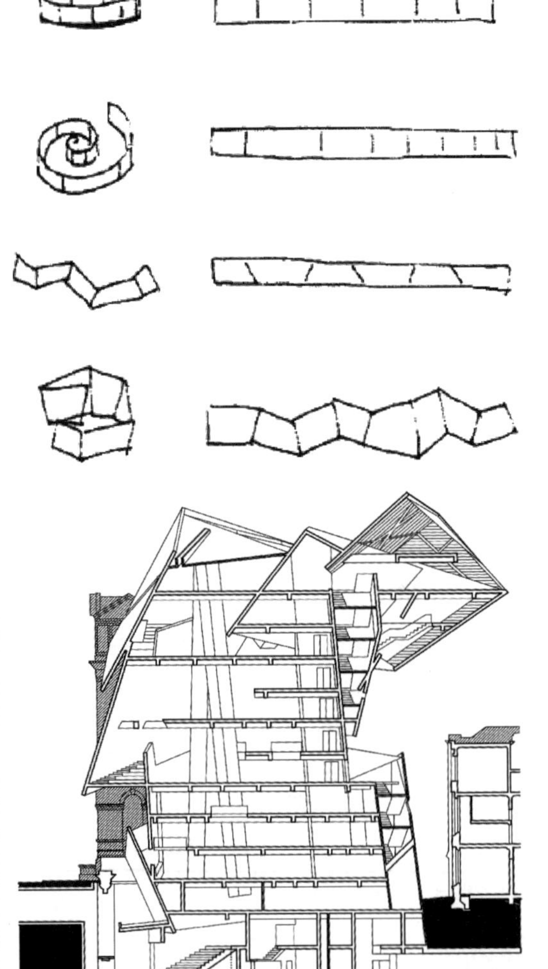

图 2-122　维多利亚·阿尔伯特博物馆新馆晶体螺旋生成线法则[74]

图 2-123　维多利亚·阿尔伯特博物馆新馆剖面图[74]

图 2-124 巴黎国防部信号塔外观[5]

面肌理，即以基本几何形排列的编序取代拼接的随机性，演绎出一套由规则组织起来的动态饰面效果。

李伯斯金还将数学推演的方式运用到一些装置实验中。采用乌姆玫瑰螺旋线组织生成的柏林《圣弗兰索瓦斯的终审》歌剧舞台设计（Saint Francis of Assisi，Berlin，Germany），为突出音乐与几何的设计思想，李伯斯金借用 1996 年创作“写作机器”（Writing Machine）中 7×7 的单元距阵作为背景，按照“神奇方块”的排列方式赋予每个单元不同数值，表示内在逻辑和运动规律。再利用数字规律建立乌姆玫瑰螺旋线，即每一行、每一列与对角线上的数字相加之后均为 175。最后将这些数值从 1 到 24 与 25 到 49 的图案呈 180 度的镜像关系，它们之间的转换，为时长 5 小时的歌剧描绘了一条富于动感的光路（图 2-125，图 2-126）。

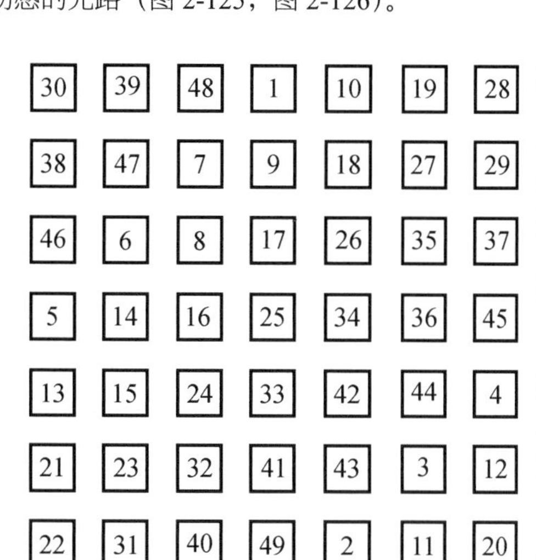

图 2-125 柏林《圣弗兰索瓦斯的终审》歌剧舞台设计（一）[75]

图 2-126　柏林《圣弗兰索瓦斯的终审》歌剧舞台设计（二）[75]

3）网格异化

框架结构是最普遍使用的一种建筑结构类型。以几何学的视角抽象框架结构形式，可将其看作正交晶体的组合与衍生。李伯斯金常用三斜晶系、单斜晶系等晶体结构形变手段，赋予框架结构以多变的形式语言。作为纽约住房 2.0 计划的一部分，纽约布鲁克林萨姆纳住宅楼（Atrium at Sumner，Brooklyn，New York），包括 190 套经济适用房，并为居民提供近 700 平方米的社区空间。为建立街道与周围环境的互动关系，白色墙体以变形的框架结构体态，生成一个从地面倾斜向上的柱廊空间，打破街道一侧的建筑体积；双层玻璃入口大厅与街道形成一种透明开放的连接关系，走廊向内则是中央绿色公共空间，塑造出渗透式的景观效果（图 2-127）。

图 2-127　萨姆纳住宅楼外观 [76]

图 2-128 Sapphire 住宅楼外观[77]

德国柏林 Sapphire 住宅楼（Sapphire，Berlin，Germany），在占地约 2000 平方米的地块上设计出包括 73 套一居室或四居室的住宅楼。为体现其复杂的设计想法，李伯斯金通过框架变形的设计手法，融入大角度的窗户和倾斜墙体，带来自然光线并营造出宽敞的感觉。为呼应建筑造型，装饰立面的三维几何图形（粗陶砖）亦由李伯斯金亲自设计，面板有先进的自清洁功能，有助于净化空气（图 2-128）。

李伯斯金坚信：艺术创作最终步入了数学领域。从数字处理到数字建造，技术发展不但为时代提供了新的建筑形式，还对建筑师的职能提出了新挑战。李伯斯金认为建筑师的责任不再只是一些造型的与技术的决策，同时也必须考量构造程序的问题。基于分形几何的自相似性、基于拓扑几何的异构美学、基于晶体几何的生成法则，则是他对依托数学操作解读当代建筑复杂性形态的大力尝试。

注释

[1] 张向宁．当代复杂性建筑形态设计研究 [D]. 哈尔滨工业大学，2010.

[2] 王冬雪．文学评论家别林斯基的艺术观与哲学观 [J]. 前沿，2014（ZC）：222-223.

[3] 王建刚，应舒悦．普列汉诺夫艺术社会学中的人类学思想 [J]. 学术研究，2019（09）：157-165.

[4] [美] 鲁道夫 · 阿恩海姆．建筑形式的视觉动力 [M]. 宁海林，译．北京：中国建筑工业出版社，2006，（9）：176.

[5] Counterpoint：Daniel Libeskind in Conversation with Paul Goldberger[M]. the monacelli press，2008：178 180 161 157 184 188 57 82 83 149 150 379 377 355 224 217 285 288 70 71 86 355 356 351 113 116 307 305 308 309 299 256 257 261 373 372 166 167 168 102 103 290 291.

[6] Charles Jencks. The New Paradigm in Architecture：The Language of Post-modernism[J]. 2002.

[7] 作者改绘；Powell，Kenneth Strongman，Cathy. New london architecture 2[J]. Merrell Publishers，2007.

[8] 佚名 . 人像摄影入门之窗外光的利用（二）[J]. 党员之友，2002（22）：38.

[9] Daniel Libeskind，Bitter Bredt，余丹 . "西部" 的新生活 [J]. 设计家，2009（02）：60-69.

[10] 佚名 . 菲利克斯·努斯鲍姆博物馆改扩建 [J]. 中国建筑装饰装修，2011（9）：82-87.

[11] 晓娜 . 康定斯基抽象艺术理论及其对现代设计理念的影响 [D]. 山东大学，2017.

[12] 作者改绘；https：//libeskind.com/work/outside-line/

[13] 정인하，김홍수 . 다니엘 리베스킨트의 건축 공간개념에 관한 현상학적 연구 [J]. 한국건축역사학회지，2002：38.

[14] 作者改绘；CABINN-a story of struggle and success[Z]. 2019：29-53.

[15] [美] 丹尼尔·李伯斯金，陈茜 . 分离形象：万科馆 [J]. 世界建筑，2015（12）：58-63.

[16] YAKIN B. Tasarım Sürecinde Eskiz ile Biçim-İçerik Sorgulama ve Çözümlemeleri：Bir Durum Analizi[J]. Sanat ve tasarım dergisi，2015，1（15）：124.

[17] Redecke，Sebastian，Berlin.Um Libeskind herum[J].Bauwelt，2016（23）：6-7.

[18] [德] 克里斯汀 . 史蒂西 . 建筑表皮（DETAIL 建筑细部系列丛书）[M]. 大连：大连理工出版社，2009.

[19] 葛祎 .《安娜·卡列尼娜》中的死亡意识 [J]. 文化学刊，2018（07）：57-59.

[20] Salminen M. All Sports! Tampere：Monitoimiareenan mahdolliset urheilun suurtapahtumat 2020—2030 [J]. 2017：42 40.

[21] Centre De Congres A Mons Completed In Belgium：A New Cultural HotSpot By Daniel Libeskind[EB/OL].（2015-01-27）.https：//worldarchitecture.org/architecture-news/cppgh/centre-de-congres-a-mons-completed-in-belgium-a-new-cultural-hotspot-by-daniel-libeskind.html

[22] 丹尼尔·李布斯金，艾悠 . 城市的风景 德国杜塞尔多夫 K-Bogen 商业中心 [J]. 室内设计与装修，2015（02）：92-93.

[23] 皇家安大略博物馆 [J]. 城市环境设计，2014（Z1）：102-111.

[24] daniel libeskind：beyond the wall INTERNI hybrid architecture & design[J/OL]. https：//www.designboom.com/architecture/daniel-libeskind-beyond-the-wall-interni-hybrid-architecture-design，2013.

[25] daniel libeskind places beyond the wall at cosentino's spanish headquarters[J/OL]. https：//www.designboom.com/architecture/daniel-libeskind-places-beyond-the-wall-at-cosentinos-spanish-headquarters-02-20-2014/，2014.

[26] [美] 鲁道夫·阿恩海姆 [M]. 艺术与视知觉 . 腾守尧，朱疆源，译 . 成都：四川人民出版社，1998，(3)：13.

[27] 许帆扬 . 爱德华 W 索亚的第三空间理论研究 [D]. 南京师范大学，2017.

[28] Junaidy D W，Nagai Y. The characteristic of thought of digital architect[J]. Int. J. Creat. Future Herit.（TENIAT），2017：52.

[29] 丹尼尔·里伯斯金 . 香港城市大学创意媒体中心 [J]. 城市环境设计，2013（08）：224-229.

[30] 丹佛美术新馆 [J]. 城市环境设计，2014（Z1）：88-101.

[31] 谢冬冰 . 表现性的符号形式 "卡西尔朗格美学" 的一种解读 [M]. 上海：学林出版社，2008：203.

[32] [美] 苏珊·朗格，S.K.，朗格，等 . 情感与形式 [M]. 刘大基，傅志强，周发祥，译 . 北京：中国社会科学出版社，1986：137.

[33] daniel libeskind plans to build kurdistan museum in iraq[J/OL]. https：//www.designboom.com/architecture/daniel-libeskind-the-kurdistan-museum-erbil-iraq-04-11-2016，2016

[34] Al Jaff A A M，Al Shabander M S，BALA H A. Modernity and Tradition in the Context of Erbil Old Town[J]. American Journal of Civil Engineering and Architecture，2017，5（6）：222.

[35] 张凯静，周兰翎 . 结构成就建筑之美——张之洞博物馆 [J]. 华中建筑，2019，37（04）：32-35.
[36] 张之洞与近代工业博物馆 [J]. 城市环境设计，2014（Z1）：128-133.
[37] Twisting Steel in Wuhan [J/OL]. https：//design-anthology.com/story/twisting-steel，2020.
[38] First Images Of Names Monument For Amsterdam's Jewish Cultural District Unveiled By Daniel Libeskind[J/OL].https：//worldarchitecture.org/architecture-news/cggvm/first-images-of-names-monument-for-amsterdam-s-jewish-cultural-district-unveiled-by-daniel-libeskind.html，2016.
[39] Dutch Holocaust 'Names' memorial finally puts emphasis on victims not victors[J/OL]. https：//www.timesofisrael.com/dutch-holocaust-names-memorial-finally-puts-emphasis-on-victims-not-victors/?fbclid=IwAR0AyL-mRK_ORd8FeSgr3Br61pLR34zLwVCPh7Lh1VtTH3AMCZw49St8Y9g，2019.
[40] 作者改绘；https：//libeskind.com/work/names-monument/
[41] Dutch court rejects petition against Amsterdam Holocaust monument[J/OL].https：//www.jta.org/quick-reads/dutch-court-rejects-petition-against-amsterdam-holocaust-monument，2019.
[42] Sonnets in Babylon：Biennale D'Architettura Di Venezia：Daniel Libeskind：Drawings[M]. Quodlibet，2016：14-34.
[43] 王建国 . 光、空间与形式——析安藤忠雄建筑作品中光环境的创造 [J]. 建筑学报，2000（02）：61-64.
[44] 谢明洋 . 为了忘却和理解的纪念——丹尼尔 · 里伯斯金和他的当代犹太博物馆 [J]. 建筑知识，2009，29（01）：20-29.
[45] StudioDanielLibeskind，薇拉 . 破与立 德国德累斯顿军事博物馆 [J]. 室内设计与装修，2012（06）：18-27.
[46] 夏然 . 情绪空间：写给室内设计师的空间心理学 [M]. 南京：江苏凤凰科学技术出版社 .2019：19.
[47] [美] 丹尼尔 · 李伯斯金 . 光影交舞石头记——建筑师李伯斯金回忆录 [M]. 吴家恒，译 . 香港：时报文化出版社，2006，（1）：62.
[48] 张鑫 . 浅论五度空间与建筑 [J]. 华中建筑，2005（02）：62-63.
[49] 勒 · 柯布西耶 . 走向新建筑 [M]. 西安：陕西师范大学出版社，2004.
[50] 张向宁 . 当代复杂性建筑形态设计研究 [D]. 哈尔滨工业大学，2010.
[51] 冒卓影，冒亚龙，何镜堂 . 国外分形建筑研究与展望 [J]. 建筑师，2016（04）：13-20.
[52] 吴小宁 . 分形：数学与艺术的现代结合 [J]. 南宁职业技术学院学报，2002（02）：55-59.
[53] 作者改绘：沈源 . 整体系统：建筑空间形式的几何学构成法则 [D]. 天津大学，2010.
[54] 作者改绘：塞西尔 · 巴尔蒙德 . informal 异规 CecilBalmond[M]. 李寒松，译 . 北京：中国建筑工业出版社，2008.
[55] Joao Pedro Xavier. Leonardo's Representational Technique for Centrally-Planned Temples[J]. Nexus Network Journal，2008，10（1）：77-99.
[56] Salingaros N A. The Laws of Architecture from a Physicist's Perspective [J]. Physics Essays，1995，8：638-643.
[57] Daniel Libeskind vystavuje v Brn ě řeč architektury[J/OL]. http：//www.designmag.cz/udalosti/42844-daniel-libeskind-vystavuje-v-brne-rec-architektury.html
[58] Menteth W，van't Klooster I，Jansen C，et al. Competition Culture in Europe：2013-2016[J]. 2017：120.
[59] 李建军 . 拓扑与褶皱——当代前卫建筑的非欧几何实验 [J]. 新建筑，2010（03）：87-91.
[60] Gausa M. The Metapolis Dictionary of Advanced Architecture Barcelona：Ingoprint SA，2003.
[61] David S. Richeson. Euler's Gem：The Polyhedron Formula and the Birth of Topology. Princeton University Press. 2008：4.
[62] 庄鹏涛，周路平 . 建筑中的"褶皱"观念——德勒兹与褶皱建筑 [J]. 湖南理工学院学报（自然科学版），2014，27（02）：81-85.

[63] Grey Lynn. Folding in Architecture[M]. New York：John Wiley and Son，2004

[64] 顾鹏 . 折叠在现代建筑中的设计策略研究 [D]. 东南大学，2018.

[65] Vision’S Unfolding：Architecture in the age of ElectronicMedia

[66] Dehghan Y. A Visual analysis of Libeskinds architecture：description of selected built works[D]. MIDDLE EAST TECHNICAL UNIVERSITY，2018：76-78.

[67] daniel libeskind：eL chandelier for sawaya & moroni[J/OL]. https：//www.designboom.com/design/daniel-liebeskind-el-chandelier-for-sawaya-moroni，2012.

[68] Bonnet A. Mémoire de fin d’études：“ Les relations entre les caractéristiques physiques des quartiers et les statistiques socio-économiques” [J]. 2018：54.

[69] Daniel Libeskind unveils Hampstead Maggie’s Centre designs[J/OL].https：//www.architectsjournal.co.uk/news/daniel-libeskind-unveils-hampstead-maggies-centre/10043623.article?blocktitle=News-features&contentID=13634，2019.

[70] Gerasimova O，Melnikova I. Podium landscape of residential zones[C]//IOP Conference Series：Materials Science and Engineering. 2018：3.

[71] 李冠告 . 晶体结构几何学基础 [M]. 天津：南开大学出版社，2000.

[72] 沈源 . 整体系统：空间形式的几何学构成法则 [D]. 天津大学，2010.

[73] nice cote dazur[Z].2019：1.

[74] 周凤仪，高峰 . 塞西尔·巴尔蒙德的“运动几何”构形简析——以维多利亚和阿尔伯特博物馆扩建项目为例 [J]. 新建筑，2015（03）：76-79.

[75] Marotta A. Daniel Libeskind[M]. Lulu. com，2013：33.

[76] Studio Libeskind Tapped to Design Affordable Senior Housing in Brooklyn[J/OL].https：//www.metropolismag.com/architecture/libeskind-affordable-housing-brooklyn，2018.

[77] Daniel Libeskind’s latest residence is clad in self-cleaning，air-purifying tiles[J/OL]. https：//www.archpaper.com/2017/08/daniel-libeskinds-latest-residence-clad-self-cleaning-air-purifying-tiles/，2017.

第三章

艺术化表现的手法张力

一、“物质型”的塑形手法

19 世纪最伟大的发明就是对发明方法的创造[1]。作为现代技术的核心问题，分析事物的复杂简单性，即是如何处理两个或多个变量的相互关系。发展到 20 世纪初，这种复杂性研究更强调对大数求序问题的探索，并通过概率论、统计学等方法，解决事物“无组织的复杂性”问题。21 世纪，随着西方国家相继步入后工业社会，智力技术（Intellectual Technology）便成为解决事物“有组织的复杂性”——后工业社会智力和社会核心问题的主要研究方法。

对建筑复杂性的当代思考，同样经历了由“复杂简单性”到“无组织复杂性”，再到“有组织复杂性”的转变：借助机器技术生成的“复杂简单性”建筑形式，强调营建法则与建筑形式的线性关系，呈现标准化与合理性的美学特征；依据电子技术生成的“无组织复杂性”建筑形式，强调变量法则与建筑形式的非线性关系，呈现无意识与非理性的美学特征；运用智力技术生成的“有组织复杂性”建筑形式，强调结构法则与建筑形式的动态关系，产生自治与互惠关联的美学特征（图 3-1）。可见，这种转型变化的直观显现，便是建筑创作逐渐强调对自然、社会、人类感知等要素的观照。李伯斯金善于借助复杂性科学的技术手段，思考建筑与自然、社会、人的行为与感知等因素的复杂关系，并通过塑造复杂的建筑形式、空间与场域环境，展现他对当代建筑哲学的深刻思考。

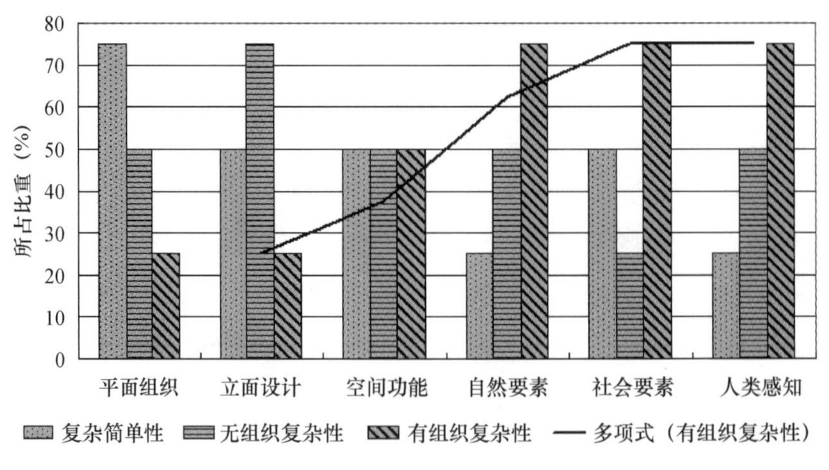

图 3-1　建筑复杂形态的特征比较

1. 形体塑形的复杂性

受模糊理论、混沌理论、涌现理论等新兴理论的影响，李伯斯金认为当代建筑形式应展现一种远离平衡态下的动态稳定化的有序结构，从而更真实、更直接地揭示自然界丰富的复杂性潜力。借助数字化设计与建造工具，李伯斯金探索超越欧式几何逻辑体系的复杂形态设计手段，即采用连续或并置的手法，将建筑表皮理解为诠释形体生成逻辑的视觉媒介；通过塑造符号化及其语言系统，赋予建筑构件以诠释形体生成内涵的功能特征；借助异规与形变的建造手段，使建筑结构成为展现形体生成法则的技术支撑。

1）形式表皮的连续与并置

李伯斯金设计的建筑表皮，既可形成结构，也可直观展现建筑造型的分割逻辑，又与楼层、屋面、饰面、基础、地面等相关联，并与门窗共同演绎赋予建筑的艺术内涵，成为极具活力的设计元素。

表皮连续，是李伯斯金常用的建筑表皮设计手段，包括连续的相似处理或连续变化等方式，即除观照产生视觉关联的常用手段外，如位置连续、切线连续、曲率连续、曲率变化连续等，还借助连续相似或连续变化的结构形式，同一色彩、肌理、材质的连续性表达等方式，塑造建筑表皮的连续视觉效果（表 3-1）。

表 3-1　表皮连续的设计手法

位置连续	切线连续	曲率连续	曲率变化连续

中国万科企业馆 [2]	18.36.54 住宅 [3]	Occitanie 塔楼 [4]	玛吉癌症关怀中心 [5]
连续相似或连续变化的结构形式	同一色彩的连续性表达	同一肌理的连续性表达	同一材质的连续性表达
	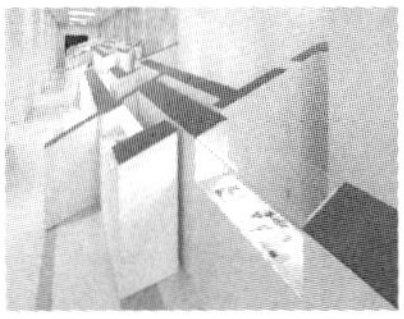		
吕讷堡大学科研楼 [6]	Collezionare il Novecento 装置 [7]	分位数炻瓷砖 [2]	罗布林之桥住宅 [8]

表皮并置，即借助表皮材料的拼贴、重叠等方式，将建筑表皮设计成一种能够阐释信息的艺术媒介。拼贴方式包括文本性拼贴，即赋予不同材料以不同的品

质特征，以及时间性拼贴，即借助新材料、新技术差异并置，展现一种历时性的发展状态。而重叠方式强调借助透明性材料塑造的复杂建筑形象。努斯鲍姆美术馆立面造型以材质的不同暗示象征寓意的差别：镶以木头材质代表努斯鲍姆早期创作时期；敷以金属板代表努斯鲍姆艺术创作的成熟时期；只露出混凝土的部分则以畸形的比例和粗犷的材质暗示努斯鲍姆所遭受的压迫时期。李伯斯金将不同材质视为对努斯鲍姆一生不同阶段的隐喻，从这座建筑在深层内涵上与建筑事件形成了某种绝妙的对话（图 3-2）。

设置在柏林犹太人博物馆原凹字形体例内的玻璃花园（Glass Courtyard，Jewish Museum Berlin，Berlin，Germany），透明的玻璃材质凸显时代属性，并将建筑从原结构逻辑中解构出来。时间拼贴保存了建筑的完整性，给予建筑现实化的整体与动态化的未完成目标之间的契合，实现了建筑的有机更新和生长（图 3-3）。

2）形体构件的赋义与关联

李伯斯金常赋予建筑构件以某种语言功能，使其符号化，并经由句法或文法构成，配以艺术加工生成新的构式关系，旨在反映建筑中的深刻内涵。符号化的建筑构件，或以形象上的具象模拟，加强观者联想认知；或抽象成具有特定意义的艺术符号，借助新奇、内向、矛盾的形式语言，引起观者的探知欲望。建筑构件间的语法构成，或以句法生成赋予建筑构件的逻辑关联，再借助消解、重构等手段，展现建筑复杂内涵信息；或以意义生成赋予建筑构件的逻辑关联，再借助

图 3-2　努斯鲍姆美术馆 [9]

图 3-3　柏林犹太人博物馆玻璃花园

未完成、心理完型等手段，展现建筑的复杂心理现象。

为极致展现迷宫空间的复杂观念，丹麦犹太人博物馆（Danish Jewish Museum，Copenhagen，Denmark）外部造型采用与内部空间一致的设计手段，展现一种“虽已进入但却不得其道”的迷幻景象，这种超脱功能意义的建筑塑形手段，呈现出潜在的双关语境，即富于具象形式的建筑背后，是物质社会和现实社会中对于“物”的神化和思考，并成为一种倾注了历史情感的当代哲学（图 3-4，图 3-5）。将装饰元素抽象成点、线、面构成的韩国现代发展有限公司立面改造（Tangent Façade，Seoul，South Korea），色彩和线条被重新激活成一种自由的元素。作为“微型太空集中箱”的抽象提取物，线与点的双重叠加，为造型肌理提供了最戏剧化的演示，并借助一种潜在的机动体系，极为贴切地显示了韩国首尔现代发展有限公司雄厚的科技实力（图 3-6）。

与托马斯·品钦（Thomas Ruggles Pynchon，Jr.，1937—）编制的《万有引力之虹》相似，在柏林“城市·边缘”（Berlin City Edge Composition，1987）设计方案中，李伯斯金用数跟斜线和一些碎片零散的、无中心的形态进行弥散性“散落”，构成设计的多义性、复杂性。在这个意义上，建筑要素的组合形式既被打破又被耗尽，最终形成一种全新衍生物，它强调的是“在分布于时间中的诸要素之间努力确定一系列的关系，这些关系使要素呈现为彼此并置、对立和隐含的样子”（图 3-7，图 3-8）。

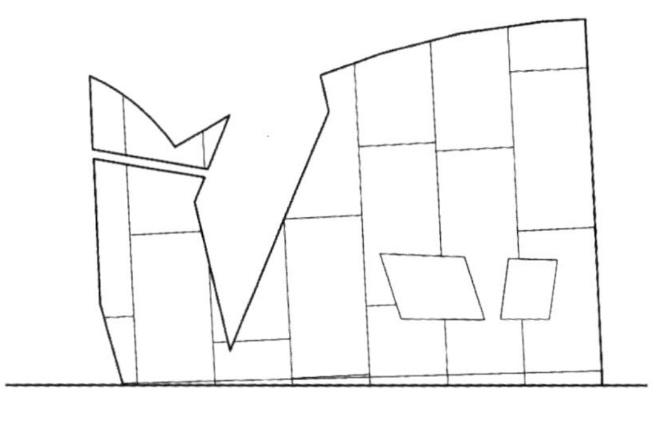

图 3-4　丹麦犹太人博物馆室内立面（一）[9]

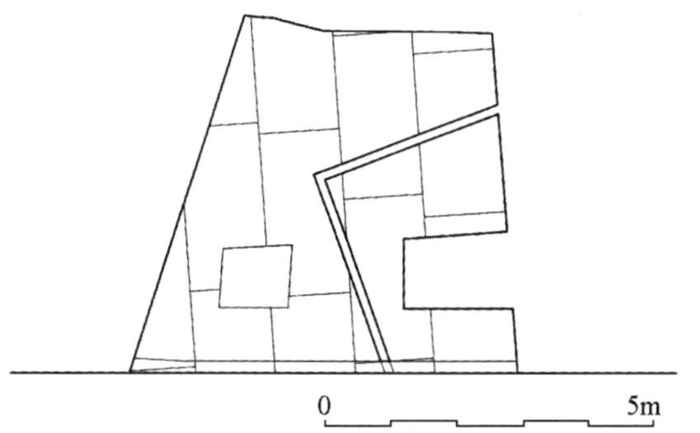

图 3-5　丹麦犹太人博物馆室内立面（二）[9]

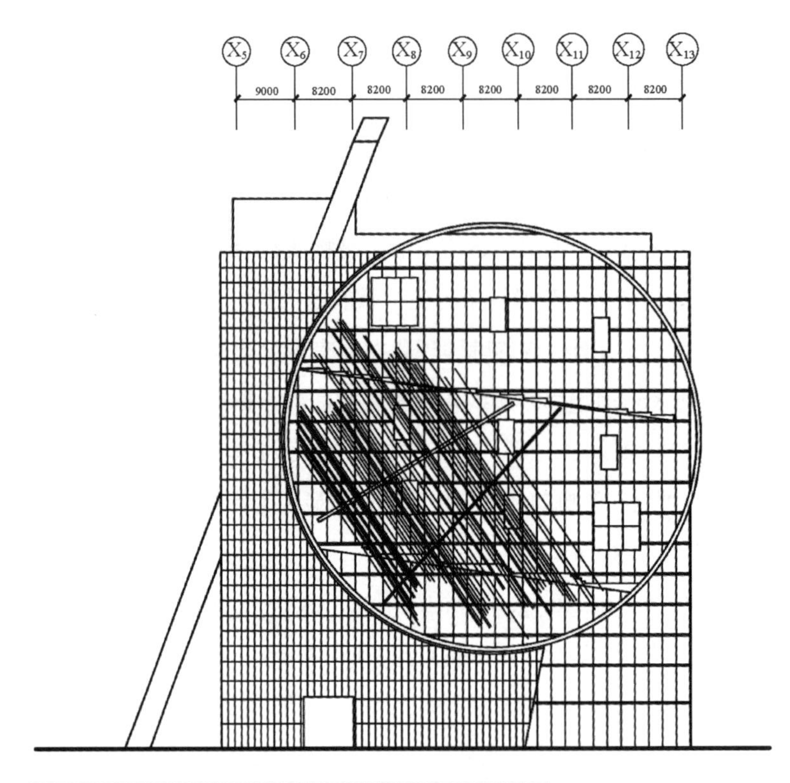

图 3-6 现代公司立面改造设计图(西立面)[9]

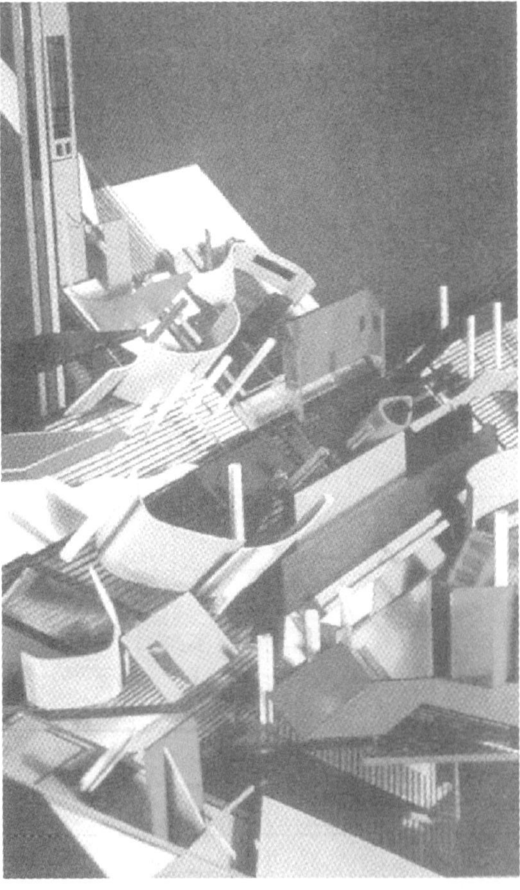

图 3-7 柏林“城市·边缘”设计方案(一)[10]

图3-8 柏林“城市边缘”设计方案（二）[10]

3）形态建构的异规与形变

以雷姆·库哈斯（Rem Koolhaas，1994—）、扎哈·哈迪德（Zaha Hadid，1950—2016）、汤姆·梅恩（Thom Mayne，1944）为代表的20世纪中后期先锋建筑师，极力倡导一种以“动态结构”挑战现代建筑“静态结构”的形态建构法则（图3-9～图3-12）。这些建筑作品旨在颠覆笛卡尔几何系统，以其“算法”为核心思想，探索更为动态、更具实验性的领域[11]。李伯斯金的建筑作品极具雕塑感与体量感，这同样得益于他对形体塑形的异规与形变处理。其中，“异规”形构来自对既往结构概念的突破，并借助悬浮、倒置、悬挑、拆分等手段，颠覆现有的结构思维与操作次序，使建筑呈现出看似反重力、片段化的艺术表达（表3-2）。

图3-9 西雅图图书馆[12]

图 3-10　圣弗朗西斯科联邦大厦[12]

图 3-11　格拉斯哥河畔博物馆

图 3-12　MAXXI-21 世纪国家艺术博物馆

表 3-2 异规形体的塑形手段

悬浮	倒置	悬挑	拆分
张之洞与武汉博物馆 [13]	丹佛美术馆 [14]	库尔德斯坦博物馆 [15]	米高梅电影公司幻想城市中心 [16]
上升感	不稳定性	运动感、方向性	破碎或片段化

“形变”形构是指建筑受到外力而发生的形状变化。李伯斯金常用纵向形变（受压力或拉力时，长度发生改变）、体积形变（体块分形）、切变、扭转、弯曲等手段，塑造建筑形体的变形效果。位于韩国首尔的和谐之塔（Harmony Tower，Seoul，South Korea），采用纵向形变的设计手段，将矩形体块转化成多面异型体态，旨在反射天空和大地，从不同的角度捕捉光线，增加建筑可持续性，并为建筑内部空间提供更舒适、亲密的环境，以及宽敞、透明的空间（图 3-13）。

2. 空间塑形的复杂性

空间是建筑的本质，它的获取依赖于界面的限定。作为感知空间的直接形式，建筑空间界面承担着限定与分隔空间的功能，更是人与空间的互动媒介，并具备

图 3-13 和谐之塔 [17]

形态、尺度、质感和方位等属性特征[18]。海德格尔（Martin Heidegger，1889—1976）曾宣称，边界（界面）不是事物的终止。相反，正如希腊人所理解的那样，是事物开始[19]。当代建筑的复杂性创作思维，使空间意义与功能表达趋向于更加多元与含混，空间的存在价值亦由单纯地为人类提供活动场所，转化成一种复杂的视知觉符号，空间塑形的可能性被无限放大[20]，空间界面成为当代建筑师眼中最活跃的设计要素。

李伯斯金以界面异化及其视知觉表达作为诠释空间塑形复杂性的设计手段，即基于视知觉原理，采用不确定、关联性、冲突性、非线性或偶发性等方式，加强对空间界面的异化处理与属性控制，激发人们主动探索空间使用的可能性。

1）形态异化：连续而分离的界面处理

李伯斯金的建筑作品，常以异质体块的斜向交叉与置入，塑造复杂的建筑形式，使原本连续且规整的空间界面，根据功能或结构需求切断成若干界面片段（表3-3）。这些片段化的空间界面，没有在空间中失去原有的组织关联，相反，通过塑造开放、流通的空间系统，使观者在多个维度、方向、位置上能够判断出空间界面的复杂性关联，即一种连续却分离的视觉语言。

表 3-3　异质体块斜向交叉与置入建筑作品

	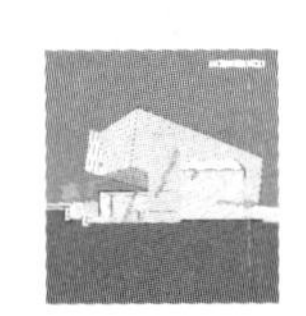	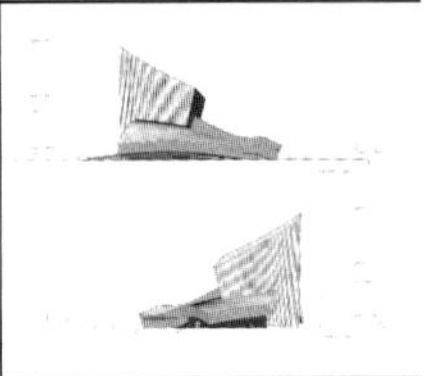
都柏林大运河表演艺术中心[9]	巴尔 - 伊兰大学会议中心[9]	曼彻斯特帝国战争博物馆[9]

丹佛美术馆新馆（Extension to the Denver Art Museum，Frederic C. Hamilton Building，Denver，Colorado）延续外部造型的特点，使建筑内部空间界面呈现出分离且连续的特征，即倾斜的外墙向内延伸，而与之原为一体的内墙亦根据人们的视线范围精心设计成斜向布置的空间序列，将整个空间分割成一系列大小不同、形状各异的空间单元。由于所有内墙没有闭合，不存在严格意义上的空间划分，故这些倾斜、片段式的空间界面，虽表面上营造出一种模糊、不确定的空间效果，但实际却在视线上形成连续的视觉关联，并借助时近时远、时而开放时而狭窄的空间效果，清晰地展现出视线在空间中的复杂变化，使观者在空间移动过程中即时产生不同的视觉和感官体验（图3-14～图3-16）。

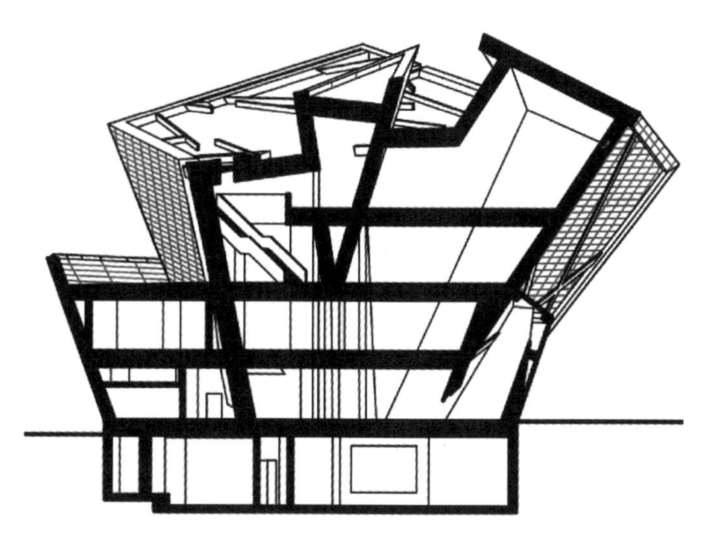
图 3-14 丹佛美术馆新馆剖面图（一）[9]

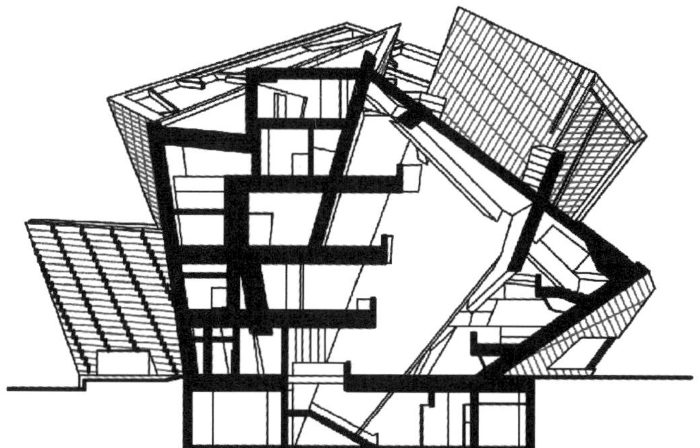
图 3-15 丹佛美术馆新馆剖面图（二）[9]

图 3-16 空间界面塑形示意图[9]

2）尺度异化：连续变换的尺度塑造

尺度又称尺寸或尺码，有时表示处事或看待事物的标准。建筑尺度通常指代建筑整体或局部构件的尺寸，并以人体或人熟悉的物体为参照，借助与建筑的比例关系，分析建筑给予人的心理感受。李伯斯金常赋予空间特定的意义表达与心理感受，并以非常规化的尺度处理得以实现。比如努斯鲍姆美术馆新馆，通过尺度压缩的方式，以仅 1.8 米宽的隧道隐喻努斯鲍姆在纳粹铁蹄下完成最后几幅作品时所遭遇的窘境；或是柏林犹太博物馆，通过尺度提拉的手段，以一个 20 米高的黑色封闭空间，即“大屠杀之黑洞”营造一种无以复加的无力感与排斥感，唤起人们对当时犹太民族渴望生存却充满绝望与无力感的认知。

除采用非常规的尺度处理唤起观者特殊的心理感受外，李伯斯金还借助异规尺度的连续变换，塑造层次丰富的空间尺度关系，赋予空间意义的复杂呈现。与 18.36.54 住宅、丹佛美术馆新馆、维多利亚·阿尔伯特博物馆扩建方案一样，英国杜伦大学奥格登中心（Ogden Center for Fundamental Physics at Durham University，Durham，United Kingdom）采用折叠手法，通过错动与咬合的处理手段，将原回字型平面形式的轮廓，在逐级向上盘旋过程中，逐层改变平面形态，并相继出现形态各异的阳台空间，并结合中庭空间的串联连通，塑造不断尺度变化的空间序列（图 3-17）。

3）质感异化：透明性的界面处理

透明性是当代建筑创作常用的建筑语言。这一概念首先产生于现代绘画领域，并由乔治·凯布斯（Gyorgy Kepes，1906—2001）将其发展成一种理论 [21]。在此基础上，柯林·罗（Colin Rowe，1920—1999）与罗伯特·斯拉茨基（Robert Slutzky）在《透明性》书中阐释了透明性的概念及其作为一种解读建筑分析方法的应用，即借助物理透明（透明材质）或现象透明（空间透明）[22]，使观察者能够同时接收到两个或两个以上的不同空间的感知。

为激发观者对空间认知更多的可能性，李伯斯金一方面应用玻璃、穿孔铝板等透明或半透明材料的空间界面，并借助透明材料对环境的反射与渗透，追求建

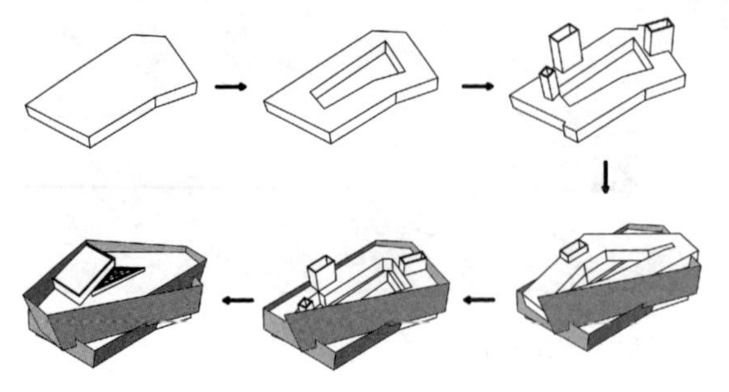

图 3-17　英国杜伦大学奥格登中心生成图解

筑的开敞和透明，旨在塑造“更舒适、更接近自然的室内环境”；另一方面，通过设计“透明空间”，即在不同空间相互叠加与渗透的基础上，借助功能的模糊与内界面的消解，极力保持视线上的连续，使观者能够产生多重且完整的空间体验。

海云台沙滩现代汽车软件工业园（Haeundae Udong Hyundai I'Park，Busan，South Korea）的主体建筑，采用双层巨大的玻璃幕墙作为塑造空间界面的主要手段，并借助玻璃的透明性和反射作用，削弱界面的体量感，消解内部空间对外的视觉限定，模糊内部空间支撑建筑体量的柱子与空中花园种植树木的的视觉形象，加强体块间的景观渗透，展现多程度、多层次的空间效果，并使内部空间在视觉上得以延拓（图 3-18 ～图 3-20）。

维多利亚·阿尔伯特博物馆扩建方案以重复折叠的方式，塑造了一种螺旋上升的建筑体态。自然形成的各层斜坡面保持连续，使建筑空间展现一种三度空间的网络形态。建筑的个别要素重新植入新的公共区域，并且相互连接，这便与作为基底的连续斜面在空间上产生了叠合效果。这种四维动态空间的形成打破了平

图 3-18 双层玻璃幕墙外观 [9]

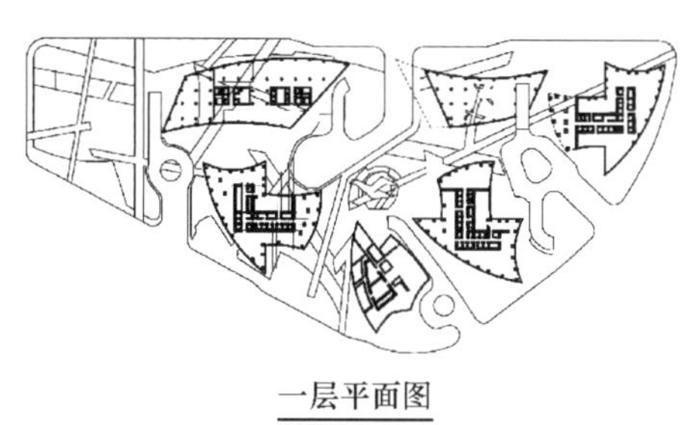

图 3-19 流动的平面构成 [9]

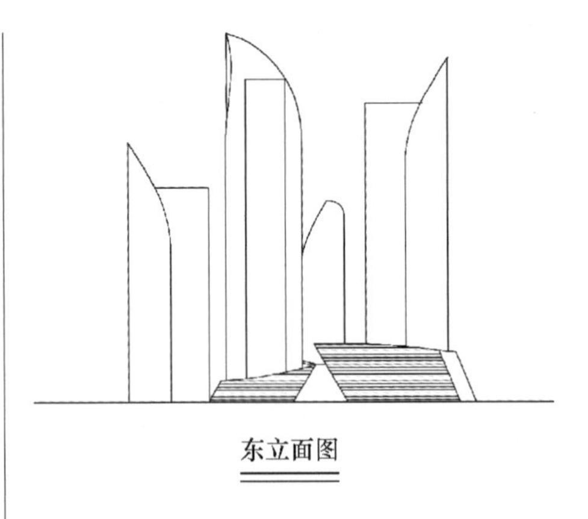

图 3-20　主体建筑体块间景观渗透[9]

面与垂直、人工与自然的界限，使空间在各个向度上得以立体式的流动，也使观者的行为呈随机连续的动态变化，最终激发观者对空间感知认识的主观能动性（图3-21）。

4）方位：消除与模糊化的方向感塑造

李伯斯金十分重视人体在空间中的视知觉体验，并以空间界面为切入点，通过消除或模糊空间中的方向感，即将建筑中的交通空间，消融到功能空间范畴内，同时模糊构件的功能区分，使门窗洞口在视觉上呈现相同的特征，并出现在空间的各个界面上，以此加强观者在认知过程中非常规的空间体验，建立全新的空间判断体系。

为塑造丰富的购物与休闲体验，瑞士伯尔尼西部购物休闲中心在空间设置上

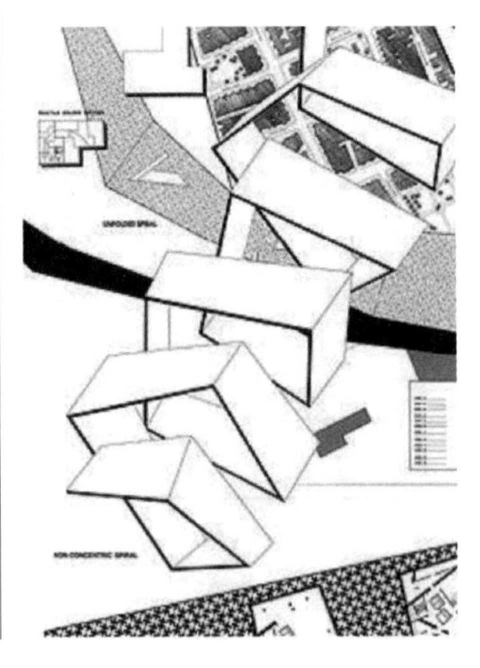

图 3-21　维多利亚·阿尔伯特博物馆[23]

将交通空间融入到购物、休息、娱乐、展示等功能空间内，并借助界面构件的无差别处理，即不同界面上的梁柱构件、门窗洞口、片段式墙体与挑出楼板等均可承担可供人穿越的门、可采光的窗、可上下连通的中庭等功能，增添空间使用的多种可能性。而外界面洞口的围合作用，无论是水平或垂直方向均存在多重洞口的层叠效果，亦加剧了空间方向感的迷失，使建筑空间的复杂性与复合意义发挥到了极致（图 3-22 ～图 3-24）。

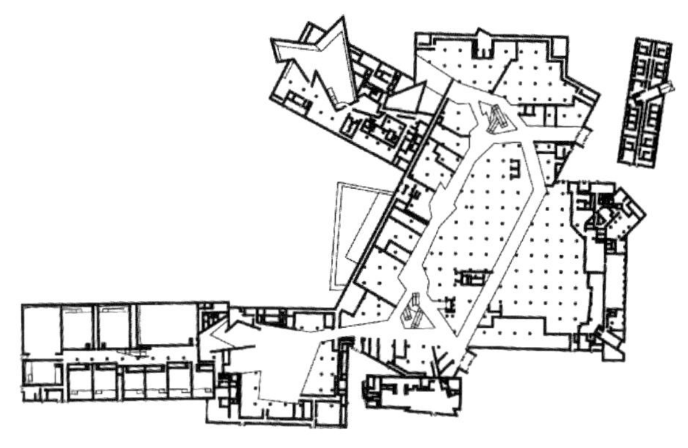

图 3-22　瑞士伯尔尼西部购物休闲中心一层平面图[9]

图 3-23　瑞士伯尔尼西部购物休闲中心内部空间示意图（一）[9]

图 3-24　瑞士伯尔尼西部购物休闲中心内部空间示意图（二）[9]

18.36.54 住宅（18.36.54，Connecticut，USA）借助折叠平面的方式，消除并模糊了室内空间的方向感，从而使整个住宅空间实现无缝衔接并自由流通。该项目以螺旋丝带的数量（18）、点（36）和线（54）命名，重新定义小型别墅（仅 180 余平方米）的生活空间。作为折叠体态的延续，片段式的墙体与家具采用相同材质，并在形态上具有相似性与连续性，从而使内部空间虽然具有明确的功能分区，但彼此间却没有明显的分隔，且在视觉上还与室外景观产生关联，展现“房子景观”（the house in the landscape）的设计主题（图 3-25~ 图 3-30）。

图 3-25　18.36.54 住宅平面图 [9]

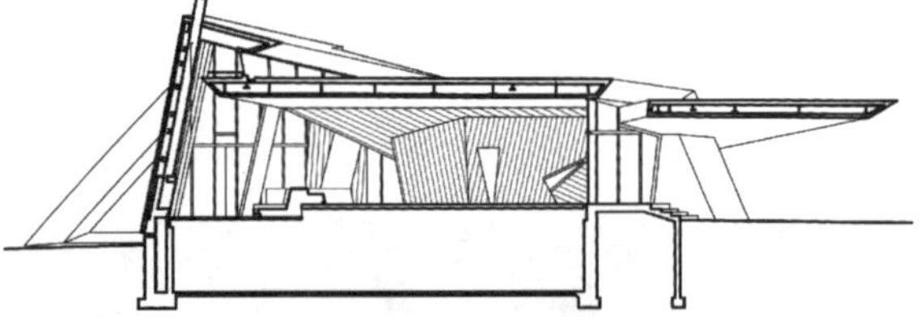

图 3-26　18.36.54 住宅剖面图 [9]

图 3-27　内部空间示意图（一）[24]

图 3-28 内部空间示意图（二）[24]

图 3-29 内部空间示意图（三）[24]

图 3-30 内部空间示意图（四）[24]

3. 场域塑形的复杂性

1980年，诺伯格·舒尔茨（Norbeg Schulz，1926—）基于胡塞尔（E. Edmund Husserl，1859—1938）现象学和海德格尔（Martin Heidegger，1889—1976）存在哲学，提出一种考察建筑现象的重要方法，即建筑现象学。在这个理论中，场所是最重要的概念之一，而场所精神则是最核心的研究部分。舒尔茨认为，场所之所以胜于空间，是因为场所给人的存在提供了一个立足点，它是一个具有场所精神的地方[25]。李伯斯金也认为，20世纪需要一种基于民主理念的建筑哲学，延续城市的历史价值，"场所意识的复归与重构"就是新时代场所精神的真正含义。场所意识的复归既强调一种地方性的回归，即在建筑创作中强调对自然环境要素的反馈，也指代一种历史性的复位，即场所意识中对城市文脉的延续。场所意识的重构涵盖了文化重组和心理完型两方面。文化重组强调场所对其自身空间品质的追求，而心理完型则注重对场所中空间体验性的意义拓展。

1）地方性回归

土耳其诗人纳乔姆·希克梅曾说过："人的一生中有两样东西是不能忘记的，这就是母亲的面孔和城市的面貌。"[26] 地方性回归，即对自然环境要素的回馈，便是李伯斯金对城市面貌的本质还原。他强调从自然环境出发，用建筑回馈自然要素的存在意义，并极力促成了人们对天空、大地等自然因素所产生的场所认知，并以更加多元的包容性反映出一种矛盾统一的场所意识。

塔拉帕卡地区博物馆（Museo Regional De Tarapaca，Iquique，Chile）的设计灵感来源于阿塔帕拉卡沙漠的荒凉景观（图3-31）。作为沙丘的延伸，该建筑的主体结构由三道平行的垂直墙体组成，建筑入口便掩饰在一道穿过地拉那大道花园的墙体中，并与森德罗公园现有的绿色空间相呼应。李伯斯金解释道：建筑的每

图3-31　塔拉帕卡地区博物馆[27]

个元素都从周围的景观中获取灵感，沙丘、高山、沙漠和海洋，汇聚成一种由比例、物质和光线构成的无声音乐作品。为了达到建筑与环境的协调，建筑材料亦参考了周围自然景观的纹理。

2）历史性复位

苏珊·朗格认为："缺乏整体观念的人不能成为真正的艺术家。"[28] 作为一种聚落概念，场所的肯定与发展永远是一个循序渐进的过程，人们应该对其进行整体上的把握。而历史性复位，即对城市文脉的继承与发展，便是李伯斯金对场所意识历史性及其历时性解读的设计思维。

基于"城市历史文化大门"的设计理念，李伯斯金设计了形如门状的 MO 现代艺术博物馆，其一侧是 18 世纪近代城市风貌，另一侧新建的小型公共广场则连接着中世纪的城市建筑群。这座占地仅 3100 平方米的博物馆，成为连接两个标志性时代的"文化大门"，诠释着维尔纽斯市现代与传统的融合表达。而参照当地建筑所用材料，将直线型的外立面涂上高光的白色石膏亦成为建筑展示这座城市历史文化的媒介符号之一（图 3-32，图 3-33）。

图 3-32 作为现代与传统融合表达的 MO 现代艺术博物馆[29]

图 3-33 形如门状的 MO 现代艺术博物馆[29]

位于汉江边的“21 群岛”——韩国首尔 Yongsan 国际商业区总体规划（Archipelago 21，Yongsan International Business District，Seoul，South Korea），设计初衷是“创建一个 21 世纪的建筑——变革，充满活力，可持续和多样化，想使每个形式、每个地方、每个社区都是不同的、独特的。总体规划和其中的每个建筑都应该反映首尔中心区复杂的历史和文化”。因此，通过塑造一个犹如海上岛屿的绿色公园公共空间，将这些承担商业、办公、文化、教育和运输等功能的建筑群体，转化成漂浮在汉江上的“人工岛屿”，自然、生态且充满活力，成为对这座城市的历史文化时代意义的最佳诠释（图 3-34 ～图 3-38）。

图 3-34　Yongsan 国际商业区总体规划鸟瞰图 [30]

图 3-35　21 群岛概念草图（一）[30]

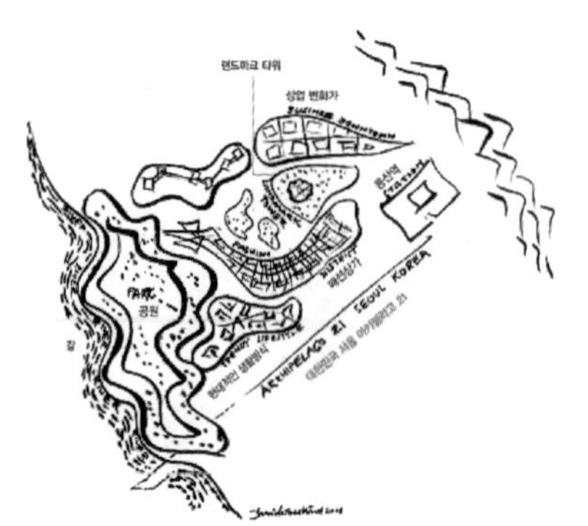

图 3-36　21 群岛概念草图（二）[30]

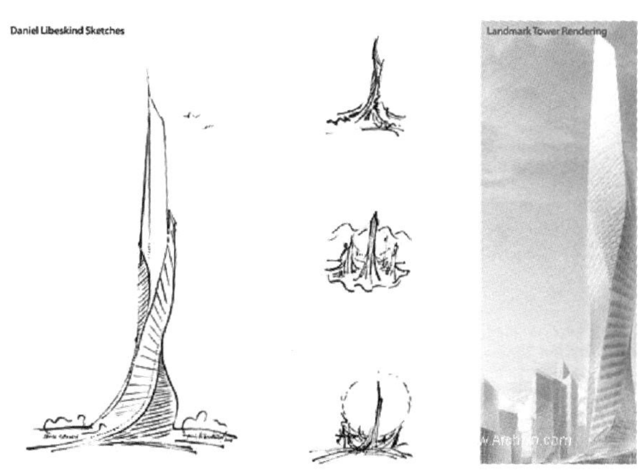

图 3-37 单体概念草图 [30]

图 3-38 效果图示意图 [30]

3）文化重组

建筑自身空间的追求体现了李伯斯金对城市文化沿承的重视。在李伯斯金的作品中，他大多不会刻意地将建筑进行仿古修饰，相反喜欢直接以新老建筑之间的反差来突出一种历时性演变，从而借助这种反差来表达对历史场所的尊重。

时隔 13 年后，李伯斯金在柏林犹太博物馆街对面设计的柏林犹太博物馆学院埃里克 · 罗斯大楼（In-Between Spaces，Academy of the Jewish Museum Berlin in the ERIC F. Ross Building，Berlin，Germany），设置在原花卉市场的历史场所中。建筑取名“空间之间”（In-Between Spaces），隐喻源自三个独立且相交的立方体之间的过渡区域。立方体的形状、位置和木材饰面，与其内部的板条箱、书籍等形成隐喻关系，暗示一种运动和互动，即建筑犹如“诺亚方舟”，搬至此处的柏林犹太博物馆档案，便成为人类保存下来的最珍贵的资产。另在建筑内部设置了一个“散居花园”，里面种满了来自世界各地的植物，代表着散居者在全球的传播。而花园以不同的植物为特色，并与教育项目相结合，分别隐喻景观、文化、土壤和学术的建筑文化内涵（图 3-39，图 3-40）。

为保护原有建筑文化特质，丹麦犹太人博物馆的改造重点转移到内部空间：地面由悬挑在空中的钢桥铺设木地板形成，铺设轨迹与形态则遵循底部原有墙面

图 3-39 “空间之间”外观[31]

图 3-40 “空间之间”散居花园[32]

走向，而墙面和顶棚板的斜向分割则创造出活跃的空间格局。李伯斯金以一种含蓄而内敛的手法重新诠释场所对其自身空间的追求。这些新结构、新技术在与旧建筑呈现强烈反差的同时，雄伟又沉稳的建筑气质又与旧建筑的建筑风格相吻合，从而在一定程度上重新激发出场所的活力（图 3-41，图 3-42）。

4）心理完型

行为空间的拓展被视为形成场所意识的催化剂。李伯斯金认为，人的参与使场所不同于空间，任何人的行为都会促成场所意识的形成。因此，在设计过程中

图 3-41 丹麦犹太人博物馆外观[9]

图 3-42 丹麦犹太人博物馆内部改造[9]

李伯斯金总是聆听不同的内心声音，以此穿插他对生命、血缘、文化的省思。

坐落在加拿大战争博物馆对面，并连接了博物馆和首都历史中心的加拿大国家大屠杀纪念碑，通过六个三角形体量塑造六角星形状（大屠杀符号象征），借此隐喻一种“环境体验”的形式，纪念碑分为两个包含不同意义的实体：上升的实体指向未来；下降的实体则引导着参观者们走入发人深省的内部空间。六个三角形的混凝土空间亦各自承担着不同的功能：讲述加拿大大屠杀历史的说明区域；三个独立的沉思空间；一个宽阔的集会和导向空间；高耸的、闪耀着记忆光辉的 Sky Void。这是一个高达 14 米的围合体量，它为参观者提供了一座如教堂般的空间，并为内部引入了上方的一小块天空。而每个三角形空间的墙面上都印着大屠杀现场当今样貌的照片。这些生动的影像旨在为游客指引路径，同时为倾斜的墙壁和迷宫般的走廊赋予更广阔的维度。观者步入其中，在各种场地信息与文化符号的指引下，可以回顾人类历史上最为黑暗的时期之一，同时也感悟到建筑所散发出的一种顽强不朽、生生不息的人性力量（图 3-43 ~图 3-45）。

看待一座建筑或是一片区域，李伯斯金总是花费大量的时间去体验所在地的民俗风情，并以当地人的身份寻找场所意义。不仅如此，在找到项目的立足点后，李伯斯金跳脱当地历史文化的局限，依旧能够保持世界级的眼光，为当今人类贡献出一座座有意味的建筑形式与场域环境，营造出一个个散发着人性光辉的场所精神。

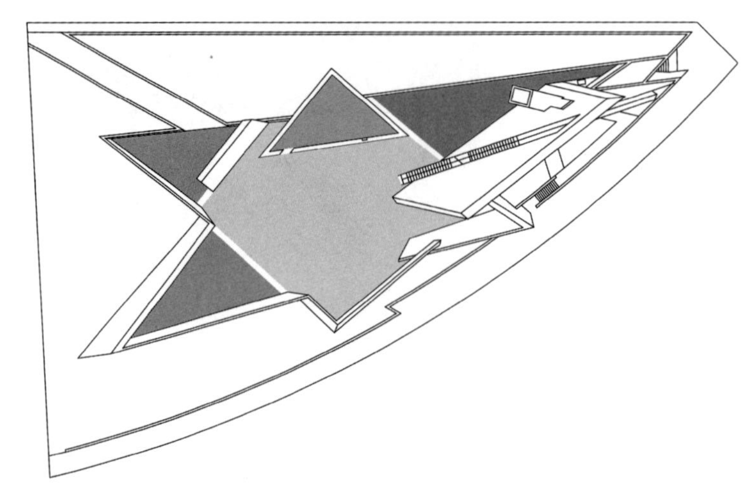

图 3-43 功能分区示意图 [33]

图 3-44 场域环境 [33]

图 3-45 印着大屠杀现场当今样貌照片的墙面 [33]

二、“非物质型”的意识表达

建筑是人类精神的产物，它是视觉、听觉、触觉和冷热感以及肌肉运动的一种体验，也是由此产生的思想和斗争的一种体验[34]。李伯斯金也认为建筑应是一种“类生命式”的艺术形象，带有人类主观情感的体验过程，它的价值在于依托形式背后的内容以及使用者赋予的意义所展现的强大生命力。

为塑造富有生命力的艺术形象，根据“艺术形式与情感方式具有逻辑同构性”的原则，苏珊·朗格以艺术幻像的美学概念，作为区分艺术形象与现实形象的操作手段，将造型设计转化为一种“有意味的形式表达”，并通过对经验形象的抽象处理，通感效果的机体塑造以及特定语境的同化创作，将其发展成某种具备功能关系、情感投射或场域关联的思维载体[35]。

以此为依托，李伯斯金超脱单纯意义上的形式创作，转而寻求一种“非物质型”的意识表达，即一方面将人类情感的抒发诉诸于艺术形式的抽象处理，另一方面又将空间形式理解为展现生命情感的信息媒介[35]，并借助时间性或过程性的互动体验，赋予建筑空间形式语言以具备通感效果的意义表述。在环境方面，富于生命活力的场域环境（精神）意识表达，是对建筑赋存环境中自然、社会、历史信息的隐喻与展现，更是将“建筑、环境与人”的互动关系作为控制情感模式的主要手段，强调观者对场所精神的意义解读与认知。

可见，对李伯斯金而言，依托意识创作的“类生命式”艺术形式，并非仅仅指代“字义上的趣味游戏”，而是一种“远比技术、美学等要素重要”的表现素材，并在建筑创作中起着重要作用。

1. 类生命式艺术形式的抽象处理

对艺术形式的抽象表达，获取有意味的形式语言，即强调赋予形式以“他性”的信息指引、批判性的艺术反拨及内向型的文化创作等隐含主题[36]，旨在与指涉的功能信息、艺术外延与内核文化，具备某种意义上的抽象关联。在李伯斯金的建筑作品中，对基本功能的信息展现，强调剥除建筑构件惯常的实用意义，借助“形”的比拟与“意”的暗示，以及各种文本信息的注解，实现对建筑主题的意义诠释。艺术风格的抽象展现，强调借助新的技术手段，塑造与古典、现代、后现代等艺术风格相背离的、具备批判性与先锋性创作思维的形式语言，彰显“李氏”美学。文化主题的抽象展现，即对文化符号的借用、处理与表达，并将指涉民族、历史、时代等精神内核的文化转译与呈现。

1）建筑功能的抽象展现

建筑类型有多种分类标准。如按功能划分，建筑可分为居住建筑、公共建筑、工业建筑、农业建筑等。公共建筑又可根据承载社会活动的不同，再细分为行政办公、文教、托教、科研、医疗、商业、观览、体育、旅馆、交通、通信等类型。每类建筑的视觉形象，大多具备特定的经验形象，特别是不同功能的公共建筑，识别性更强。当代先锋建筑师极力打破大众这种惯性认知，通过对建筑艺术形象的抽象处理，试图以形式比拟、意义暗示的操作手段，或是借助文字、图解、标志等文本信息的解释说明，引导观者通过抽象的艺术联想，获取建筑功能的相关信息。

受古人类学家理查德·李基（Richard Leakey）委托，李伯斯金在肯尼亚东非大裂谷设计了人类历史博物馆（Ngaren，Kenya），其坐落于悬崖边，可俯瞰东非大裂谷。作为人类文明的摇篮，李基博士在这里首次发现了最完整的早期人类骨架图尔卡纳男孩（Turkana Boy），这对他而言意义非凡。博物馆的设计灵感来自早期人类最早使用的工具——古老的手斧，隐喻着人类独创性的开始。整体造型犹如一块垂直向上生长的钟乳石，没有门窗，甚至没有传统意义上的建筑构件。特殊的造型效果，带给观者的不仅是对公共建筑功能属性的认知，更加抽象隐喻出建筑展示主题的基本信息。另配以一系列互动式的、先进的展览空间，为博物馆本身创造了一个独特的环境，即一个不会让文物静静地躺在那里，而是富于生机、充满活力的场所（图 3-46，图 3-47）。

2）艺术风格的抽象展现

学术界对 21 世纪之前的西方建筑美学的流派划分具有普遍的共识。作为对

图 3-46　博物馆外观 [37]

图 3-47 博物馆入口[37]

艺术风格的抽象展现，李伯斯金一方面借助新的审美趋势与技术手段，赋予古典、现代、后现代艺术风格等标志性建筑符号以新的视觉形象或艺术处理，另一方面极力寻求新的美学语言，如拓扑、分形、折叠、螺旋、倒置等，作为对当今时代复杂性科学的回应，呈现兼具批判式继承、先锋性创造的美学特征。

位于纽约长岛的 Freeport Senior 住宅（Freeport Senior Housing，Long Islang，New York），是服务于当地低收入老年人口的一处拥有 45 单元的社区。除一居室公寓外，整座建筑还包括社区空间、休闲屋顶露台、步行道以及多项绿色和节能的功能，并采用回字形的平面形式，营造庭院式的布局。作为对这种布局形式的回应，顶部二至三层设置成古典主义时期的立缝金属屋顶形式，配以白色墙面与老虎窗，并通过倾斜剪裁、与立面整合设计的方式，对其进行抽象处理，从而形成新的艺术形式（图 3-48）。

德国德累斯顿军事博物馆的扩展部分，采用与原建筑风格完全不同的艺术形

图 3-48 古典风格屋顶形式的艺术处理[38]

象，非规制化的建筑形象、非稳定性的结构形式与透明性的建筑材质，极具时代特征与李氏风格，隐喻当今社会自由、灵活、多元包容与公平公开，展现出设计师赋予建筑的美学品质（图 3-49）。

3）文化主题的抽象展现

建筑是文化的载体，文化的多元性、地域性、时代性、民族性势必对建筑产生互动关联，从而使建筑成为讲述历史、民族与地方特色的媒介，抽象却蕴含深刻意味。

俄亥俄州州立大屠杀纪念馆（Ohio Statehouse Holocaust Memorial，Columbus，Ohio，USA）采用李伯斯金惯用的六角星状符号，展现犹太民族的历史、种族认同和信仰，纪念在大屠杀中丧生的数百万人和解放集中营士兵的美国士兵。整组建筑由一条石灰岩通道，两侧倾斜、有刻度的石墙和石凳作为方向指引，并由通向正中一对 18 英尺高的大铜板组成。两个铜板的内部边缘呈不规则角度，并在中心相遇，组合成一个六角星状的切口。铜板浮雕上刻着奥斯威辛集中营一位幸存者讲述的故事，同时也刻录着颂扬解放者的话：“如果你拯救了一条生命，就好像你拯救了世界”，成为当地一个受欢迎的公共场所与反思空间（图 3-50，图 3-51）。

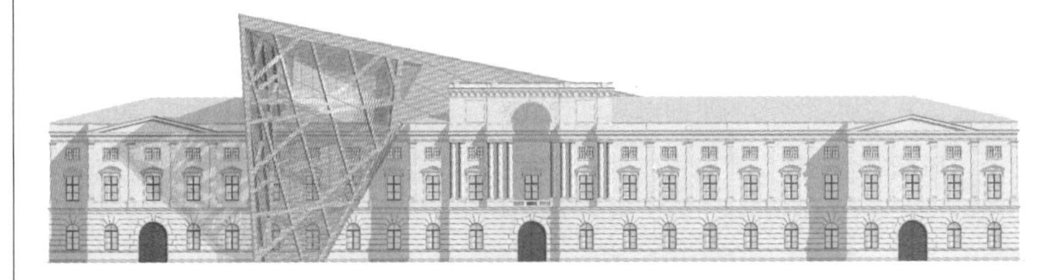

图 3-49　风格不同的两个体块穿插 [39]

图 3-50　俄亥俄州州立大屠杀纪念馆 [40]

图 3-51 六角星状符号[40]

一座建筑就是一个有意义的整体。通过抽象处理塑造的艺术形象，李伯斯金的建筑作品展现出丰富的表现力和强大的生命力，并焕发出永恒的艺术魅力。

2. 类生命式空间形式的通感处理

1907 年，毕加索偕同作品《亚威依少女》将立体主义推上历史舞台。作品中不同的时空视像巧妙地置于同一画面中，以多重视点取代单一视点，让观者体会到一种全新、富有生命力与感召力的绘画空间及形体结构（图 3-52）。受立体主义影响，李伯斯金常将无数个瞬间视像叠合于同一组空间构图内，引导观者视点随着时间推移处于持续动态转换中，赋予空间以时间维度。

图 3-52 亚威依少女[41]

李伯斯金认为时间是显现空间中延绵的诸要素间分布诸多可能的游戏之一[42]，它意味着许多事物：静止平面上的速度传达、功能导向的时空连续、体量在内外方面的同时把握以及结构而非外观的展示，甚至是整个社会的本质内涵……，并借助时间性或过程性的互动体验，使空间成为展现建筑生命情感的信息媒介，具备通感效果的意义表达。

“通感”是苏珊·朗格艺术幻象理论的重要概念，即强调艺术表现应能展现艺术家所认识到的人类情感[43]。李伯斯金也指出：“建筑跟音乐一样，要直接面对面地感知，不能只是分析。如果对一首音乐作品感兴趣，听过之后才可以对其加以分析、拆解结构、探究形式与调性……建筑也可以采用类似的方式展现魔力，让人叹为观止。”借助审美知觉生成机制的理论支撑，下面将从期待与投射、盲点与冲突、领悟与完型三个环节分析李伯斯金塑造可感知的空间生命形式设计手段。

1）期待与投射

期待与投射，强调在设计过程中，塑造一种顺应观者需求的知觉意向，即通过对观者心理、生理（期待）因素的考量，设计一种满足观者认知投射的空间结构。这要求设计者在构思阶段，既能准确掌握观者对于某种特殊情景或场所的心理预期，又要思考采用何种手段，引导观者在体验、参与过程中产生心理共鸣。

作为纪念在大屠杀中无辜死去民众的公共空间，加拿大国家大屠杀纪念碑（National Holocaust Monument，Ottawa，Canada）承载着加拿大自由民主的价值观，以及种族、阶级和宗教信仰等多重心理期待因素。李伯斯金采用六角星平面形式作为大屠杀的符号象征，将观者瞬间指引到特定的场域范围中，并借助上升、下降的实体引导，以及中心集会空间、历史讲解区域、如教堂般围合的沉思空间的设置，加强观者对空间情感的认知投射。特别是从集会空间中央升起的“希望之梯”（Stair of Hope），强硬地穿透倾斜墙壁，指向议会大厦所在的方向，象征幸存者们强大的生命活力，以及他们为加拿大作出的重大贡献（图 3-53~ 图 3-56）。

2）盲点与冲突

盲点与冲突，强调在空间体验过程中，塑造一个能够展现建筑所包含的情感及其情节演绎的“发生装置”，即借助新奇、矛盾或是模糊多义的系统建构，激发并延长观者主动参与的过程性体验，进而以运动感知、交互生成的创作机制，赋予建筑信息以非确定性、非理性化意义的解读。

为营造一个激发创意的理想环境，香港城市大学创作媒体中心（The Run Shaw Creative Media Centre，Hong Kong，China）以多变与独特的形态，构成多个独具个性的空间，为学术研究及创作提供了一个交互式的空间环境。以互动空间为设计主线，整组建筑借助不规则几何体块的穿插与堆叠，将大部分外部斜墙

图 3-53　体块及其空间构成 [33]

图 3-54　沉思空间 [33]

图 3-55　总平面图 [33]

图 3-56　希望之梯[33]

与内部钢筋混凝土剪力墙连接在一起。为加强实验室、录音室、放映室、表演场、剧场等与其他区域的互动与关联，特意打造了错综复杂甚至是互相矛盾冲突的空间分隔形式，漫步其中，犹如在进行一场奇妙的空间冒险（图 3-57 ～图 3-60）。

3）领悟与完型

领悟与完型，强调借助心理完型的创作思维，赋予观者领悟建筑情感的认知能力，并借助感知、感受以及感悟过程的信息反馈，将建筑空间的过程性体验，付诸于一种具备引导观者情感共鸣的“召唤结构”中。正如荣格所言：“我们会突

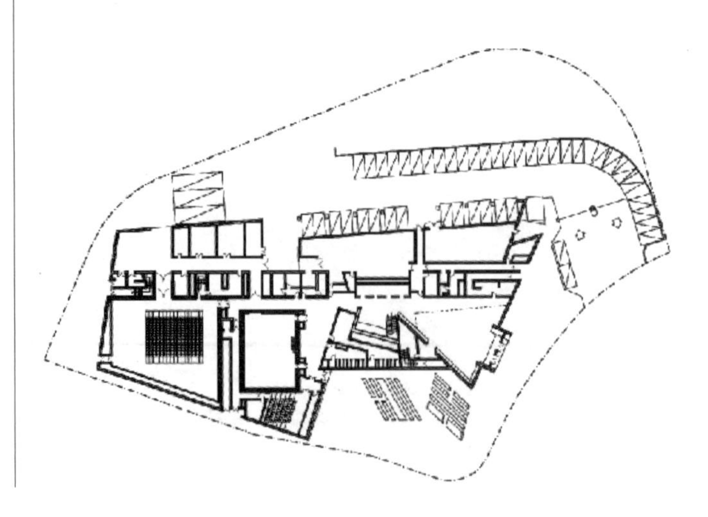
图 3-57　一层平面图[9]

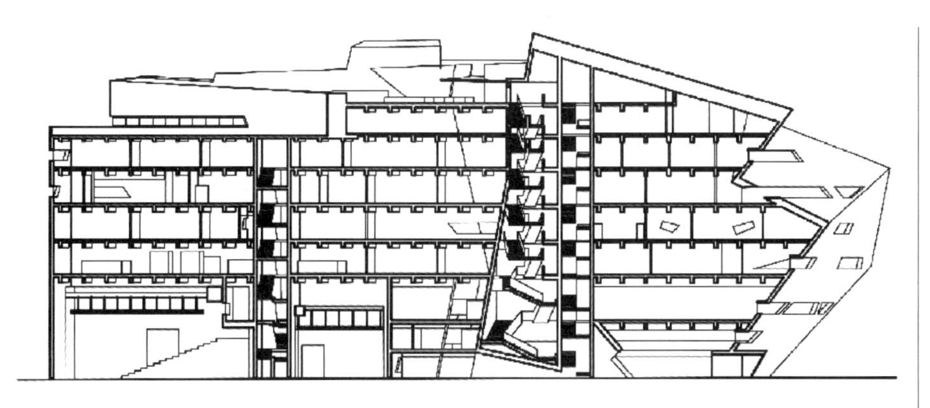
图 3-58 剖面图[9]

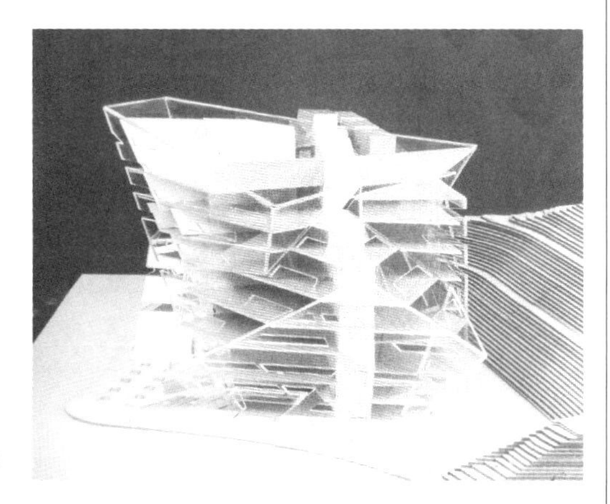
图 3-59 外部斜墙与内部剪力墙的连接[9]

图 3-60 内部空间[44]

然获得一种不同寻常的解脱，仿佛被一种强大的力量运载或超度，在这一瞬间，我们不再是个体，而是整个族类，全人类的声音一齐在我们心中回响。”[45]

作为柏林犹太博物馆空间序列中“逃亡”的终点，霍夫曼花园是由 49 根 6 米高的方柱规则排列形成的混凝土方阵柱林。其中，48 根方柱内填充着柏林的土，象征以色列 1948 年成立的年份，第 49 根——中心的一根方柱内填充的是耶路撒冷的土。柱顶种植的橡树向天空生长，彼此缠绕，可望而不可及。由于霍夫曼花园地面有 10 度的倾斜，柱子也随之倾斜。根据格式塔心理学，这种反重力的参照坐标系，促使观者不断想要纠正自己的位置，会失去平衡，产生视觉经验的矛盾感与心理的压迫感，更加突出霍夫曼花园是一处种植在柱林顶部可望而不可及的“空中花园”。而倾斜状柱子的间距只有 1 米，在公共建筑里，这种不近人情的尺度压缩，表达出空间对人基本需求的漠不关心，再次引起观者的不适与压迫的心理感受（图 3-61 ～图 3-63）。

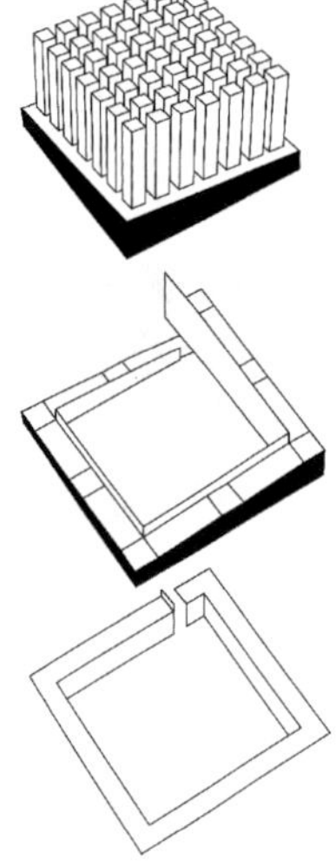

图 3-61　柱阵轴测示意图 [46]

图 3-62　霍夫曼花园现场照片（一）

图 3-63　霍夫曼花园现场照片（二）

李伯斯金认为一件优秀的建筑作品必须拥有足够的能量去控制其内部运动的张力：透过空间，耳朵可闻的振动如脚步声或说话声、眼睛可见的楼梯或门廊的样式，或是实际可触的形体如脚下的地板，这些定格于特定瞬间的感知形式无不充斥于建筑的每个角落。李伯斯金解释道："所有的东西一直等在那里。等待着内在的意义与结构——或是建筑——来将之揭露。建筑之所以具有能量，是因为它涉及身与心、情与智、记忆与想象。"[47] 这种富于生命力与感召力的空间形式，被李伯斯金以"时间—空间"四维时空的互动关系生动演绎着，使其建筑作品成为一种以围绕观者空间体验与感受而展开的时空游戏，并在与时空的追逐中展现空间意义。

3. 类生命式场域形式的同化处理

苏珊·朗格提出"同化原则"的美学观念，旨在将艺术符号付诸于一种基于整体性与关联性的情境中，从而展现具有情感意义的形式表达[35]。与环境的联结，思考建筑与场地的关系是建筑创作首要思考的问题[48]。正如斯蒂文·霍尔（Steven Holl，1944—）所言，建筑与场地应该有一种经验的联系、一种形而上的联系、一种诗意的联系，当一件建筑作品成功地将建筑与场地融合在一起时，第三种存在就出现了[49]。李伯斯金也认为将建筑置于场域环境，并通过从外界环境中获取物质或文化信息，转变成材质、形状、构造、肌理或节点等抽象且具有指代意义的表现载体[50]，才是使建筑焕发生命光辉的最佳途径。

李伯斯金的建筑作品，或在建筑创作中思考形体与环境无限融合的可能性，使建筑被动地配合场地，形成一种形态上的物化关联；或在环境之中找线索，将其辐射到建筑创作中，使建筑主动吸纳场域信息；或超脱形式本身，将建筑理解为展现场域社会职能的景观媒介，从而形成一套独立的语言逻辑，重新定义场所精神。

1）无限融合：场地形式的关联

不同于传统意义上的建筑文脉主义（Contextualism）[51]，李伯斯金虽坚称建筑应该亲昵于环境，建筑单体应是建筑群体的一部分，也是建筑环境的一部分[52]，但置于场域环境内的建筑，应是不可或缺的，并是承担重新激发场域活力的主角。这种设计手法强调在尊重场地既有条件与原有秩序的基础上，使植入的建筑与环境融为一体，但需要突出建筑的核心控制力。

爱尔兰都柏林大运河表演艺术中心和商业街（Bord Gáis Energy Theatre and Grand Canal Commercial Development，Dublin，Ireland）坐落于都柏林海港滨水区的大运河广场剧院。为了塑造与广场及运河港口形成一体的城市脉络，从建筑形体到空间形态均体现了与场地的无限融合，并在复兴都柏林港口区中发挥着重要作用。在造型上，作为建筑理念的核心体现，建筑与场域环境内营造出多个层次的“舞台”形式，即除剧院本身的舞台设计外，不但借助透明、无清晰界限的建筑界面，成为映射室内多层级大厅的舞台媒介，而且将剧院本身设计成“舞台”背景，广场便是剧院的“户外大厅”。在空间设置上，大运河广场剧院的观众席设计借鉴了与前港区相关的造船雕塑，映射都柏林本身充满欢乐和华丽乐章的特点（图 3-64，图 3-65）。

图 3-64　远景图[9]

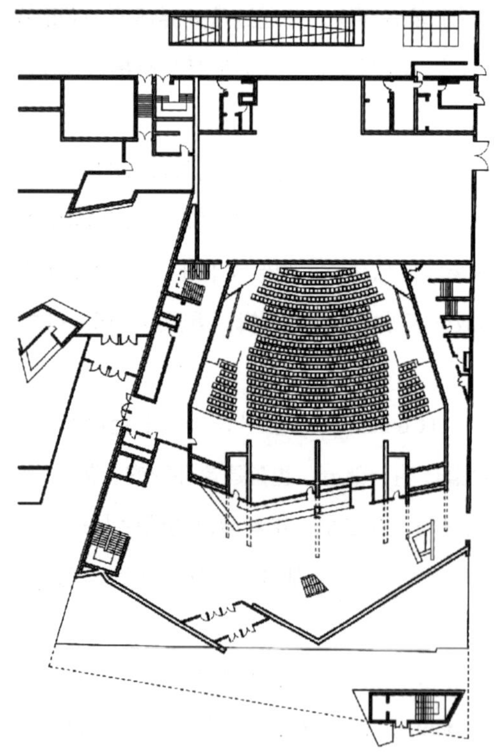

图 3-65　平面图[9]

2）文化同源：场地线索的转译

相较于配合场地原有秩序，借助形式关联实现建筑与环境的无限融合，李伯斯金更希望通过在场地中找寻一些线索，转译成他的设计规则，并将其映射在建筑创作中，使建筑主动消化这些信息。虽然这种文化上的关联性不一定能够被人清楚地察觉到，但建筑与环境之间保持这种连续性，却更能展现出设计者想要付诸其中的创作思维，也更能凸显新建筑的核心地位。

荷兰阿尔梅勒被称为“没有历史的小镇”。李伯斯金在这里设计的爱与火花园（Garden of Love and Fire，Almere，Netherlands）实际上是一处冥想场域（图 3-66，图 3-67）。它由一个观景台、三条狭窄的水渠和一条干渠组成。在干渠上设置了一系列的直线体形成了不同的线路，而这些线路将指向三个特定的地点：萨拉曼卡（Salamanca）、巴黎和阿尔梅勒。它们象征着爱—胡安 · 德拉克鲁兹（Juan de la Cruz）和火—保罗 · 策兰（Paul Celan）在阿尔梅勒未来交会的位置。而直线体上面刻着的密码，象征着胡安 · 德拉克鲁兹和保罗 · 策兰在新的场域环境内的相遇。李伯斯金解释道，这些秘语以自己的逻辑法则创造新的场地秩序，并因为物质形式的抽象处理，才使信息变得可读。

图 3-66　位于干渠上的直线体 [53]

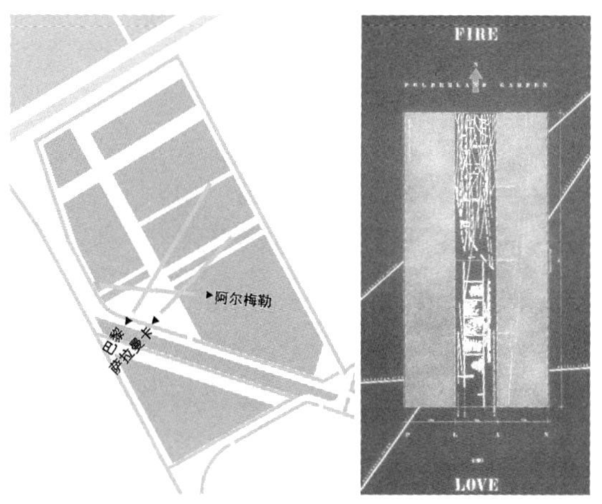

图 3-67　直线体的组织逻辑 [53]

3）社会景观：场地特性的共鸣

李伯斯金的建筑作品始终关注建筑的公共性，强调观者对场地特性的共鸣与认知，类似于一种社会性的宣言，作为回应城市、文化、民族、历史、场域的媒介与手段，从而呈现观念建筑的艺术品质。比如以抽象化的书本造型作为基本形态的意大利帕多瓦卢斯“9·11”备忘录（Memoria e Luce，9/11 Memorial，Padua，Italy），李伯斯金以一个在废墟中俯拾而来的横梁作为开启记忆之门的钥匙，又以扉页上的纹理象征着美国与帕多瓦的联系，再将建筑散发不同色彩的光隐喻不同事件的日期。这些含蓄的处理方式不但使建筑展现出生命的活力，而且使人们在体验过程中领悟到“建筑与观念”的关联，并最终将每个细部节点投射到一个有力的整体之中，使之成为一种社会景观（图 3-68 ～图 3-70）。

图 3-68　意大利帕多瓦卢斯“9 · 11”备忘录（一）[54]

图 3-69 意大利帕多瓦卢斯“9·11”备忘录（二）[54]

图 3-70 意大利帕多瓦卢斯“9·11”备忘录(三)[54]

三、“象征型”的媒介表达

象征是除了物质文化、非物质文化外，构成当代文化体系的重要组成部分[55]。作为借助具体事物（物质载体）来表示某种抽象概念、文化、思想情感的常用手法，建筑中的象征，则是通过具体的结构、造型和空间组织等载体形式，传达建筑师赋予建筑的某种概念、文化与情感，成为展现建筑师创作灵感的艺术媒介[56]。正如家意大利符号学家翁贝托·埃科（Umberto Eco，1932—2016）所言，建筑师的工作就是要使作品经历不同的理解和交流的变化[57]。而为了达到这种情感上的交流，建筑师势必要借助建筑物质载体所表现的意境，通过形象的联想、隐喻和空间体验，使人们在建筑整体上构筑意念，产生联想[58]。

李伯斯金认为世间万物皆可具有象征意义，并转化成创作语汇，倾注着他对美的观念、追求、理想与价值。对李伯斯金而言，建筑可以是对个性气质的诠释，可以是对现实形象的触发，可以是对历史传统的启迪，可以是对环境的感应，可以是对时代精神的转译，或者是抽象概念、内向观念的灵感顿悟……并借助载体对创作原型的物象表达、对创作原型的品质传递，以及建筑语境对创作情感的意象观照，使象征成为其建筑作品展现生命力的创作秘语。

1. 载体：创作原型的物象表达

建筑师赋予建筑的象征意义，必须要付诸物质载体得以呈现。建筑的物质载体，通常包括平面、造型、空间、材料与装饰等[56]。对这些物质载体采取象征手法的处理，多以“比”的形式出现，即或是单纯地模仿有形的事物，人们借助具有共识性的审美经验，获悉建筑的象征意义；或深入到自然的本原中去，借助拟态、类比等手段，实现建筑师与观者的情感交流，强调透过建筑载体的形象特征，获悉创作原型。

1）平面处理

建筑平面的特点是二维性，尺度、形状、平面单元构成关系等便成为它展现物质特征的视觉形象，因此，借助建筑平面表达象征意义，多通过数字或几何图形的物象处理，并以具象或抽象的艺术手段呈现出来。

作为一座拥有 LEED 铂金级认证的大型办公和零售综合体，德国杜塞尔多夫 K_Bogen 商业中心（Kö-Bogen Düsseldorf，Düsseldorf，Germany），整组建筑由两座独立的回字形建筑单元中间连以空中长廊构成。除面向湖面一侧的建筑边界较为平滑外，建筑其他各面边界均呈连续的曲线状，组合在一起形如弓箭，典雅又充满力量，象征“国王之弓”（图 3-71）。

与直接复制“大卫之星”几何图形生成平面形式的加拿大国家大屠杀纪念碑不同，位于阿姆斯特丹的荷兰大屠杀纪念馆（Dutch Holocaust Memorial of Names，Amsterdam，Netherlands），平面构思亦源自大屠杀符号象征——大卫之星（六角星），但经过了抽象的变形处理，借助拆解与重构的方式，生成连通的几何构造线作为指示路径，成为引导观者进入空间的观览通道。借助几何构造线生成的平面，配以刻录着大屠杀受害者姓名的砌筑砖墙，荷兰大屠杀纪念馆成为一个倾注着民族情感，承载着历史记忆，可供人们阅读历史、反思历史的纪念性场所（图 3-72，图 3-73）。

图 3-71　德国杜塞尔多夫 K_Bogen 商业中心 [59]

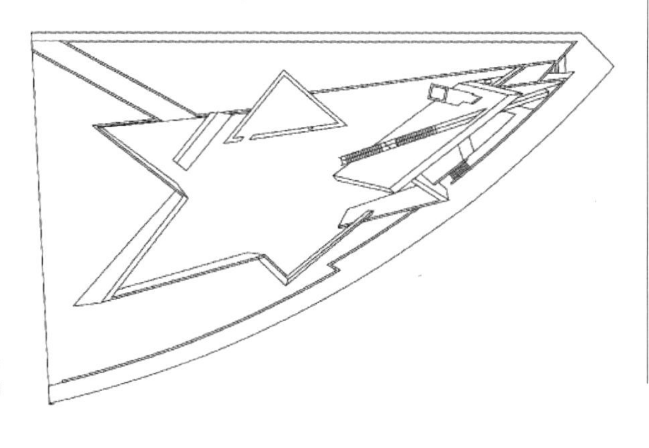

图 3-72　加拿大国家大屠杀纪念碑总平面图 [33]

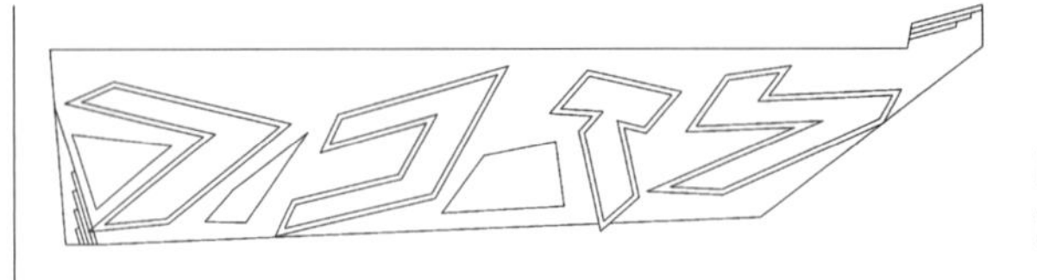

图 3-73　荷兰大屠杀纪念馆平面图 [60]

2）造型处理

由于建筑造型的形象性更强，因此更多地被用作建筑象征意义的表现载体。具有象征意义的建筑造型，既可以是对构思原型的直接模仿，也可以是对原型进行简单的拟态处理，再通过形式的美学暗喻（某种约定俗成的艺术形象的认知），或者借助对建筑功能、所在场域特色的理解，获悉其象征意义。

为纪念艾米利亚—罗马涅区（意大利中北部行政区）陶瓷制造的历史和传统，李伯斯金在博洛尼亚水设计艺术节设计的“Pinnacle”（顶点或顶峰）建筑装置，安放在一处 17 世纪的修道院庭院中，这里曾作为博洛尼亚的儿童医院。该装置高 8 米，由两个金属化陶瓷板制成，正面汇聚形成一个尖顶，配以三维图案的视觉语言，呈现向上延伸的态势，形如门状，指代通往前医院建筑群的“入口”，又作为对博洛尼亚中世纪激进的建筑垂直性设计风格的致敬，与周围新古典主义风格的立面形成对比，暗指博洛尼亚传统与现代建筑风格的融合与碰撞（图 3-74，图 3-75）。

图 3-74　概念构思 [61]

图 3-75　形如门状的造型效果 [61]

由三道平行的垂直墙体组成了博物馆主要空间的塔拉帕卡地区博物馆（Museo Regional De Tarapaca，Iquique，Chile），其造型源自对阿塔帕拉卡沙漠景观、巨大悬崖以及城市沙丘的抽象展现，展示了阿塔帕拉卡沙漠前西班牙历史、殖民历史以及硝酸盐采矿的兴衰，直至当代发展的6000多年历史脉络（图3-76）。

坐落于在肯尼亚东非大裂谷悬崖边的人类历史博物馆（Ngaren，Kenya），整体造型犹如一块垂直向上生长的钟乳石，借此隐喻这里是首次发现最完整的早期人类骨架纪念地的特殊意义。建筑造型虽然经过抽象处理，无法直接辨别出设计构思——手斧的形象关联，却借助对建筑功能的认知以及场所精神的内涵表达，帮助观者获悉建筑造型的象征意义（图3-77）。

图3-76 塔拉帕卡地区博物馆造型效果[27]

图3-77 形如钟乳石的造型效果[37]

3）空间处理

建筑空间是展现建筑功能及精神内涵的重要载体，更是承载人的活动的物质媒介。它由界面围合而成，具有尺度、形状、采光、照明等物理属性，同时它又具备不同的功能用途，满足建筑的使用需求。在此基础上，建筑空间又通过营造氛围而展现不同的空间品质，或是借助秩序转换，塑造一种带有复合性、节奏感的空间。

名为“空间之间”的柏林犹太博物馆学院埃里克·罗斯大楼（In-Between Spaces，Academy of the Jewish Museum Berlin in the ERIC F. Ross Building，Berlin，Germany），其名源于建筑内部三个立方体之间的过渡区域，即填充入口、图书馆、礼堂三个立方体之外的建筑区域。这里种满了来自世界各地的植物，代表着“散居者在全球的传播”，簇拥着人类保留下来的珍贵资产。同时，这里也成为一种空间体验的媒介。李伯斯金解释道：“站在这个地方，向大厅望去，向博物馆的空间望去，不同的视觉效果与空间氛围，同时呈现在同一语境下，成为观者在空间中体验的理想场所。”（图 3-78，图 3-79）

名为“迈克尔·李秦水晶宫”的皇家安大略博物馆扩建工程（Michael Lee-

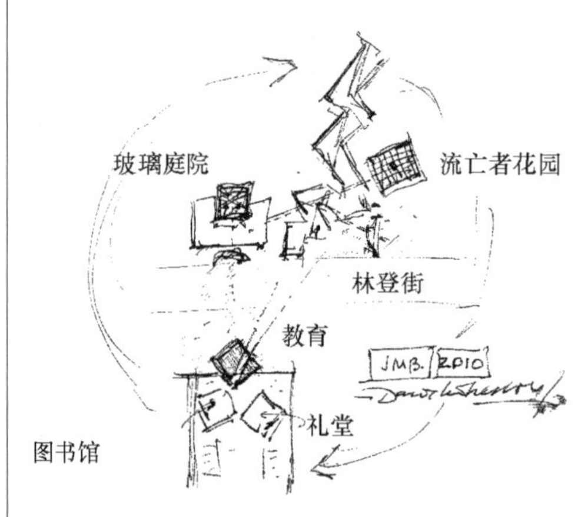

图 3-78　概念草图 [31]

图 3-79　过渡空间 [31]

Chin Crystal，Royal Ontario Museum，Toronto，Ontario，Canada)，名字源自建筑五个互相交叉的体量。其中两个晶体为专属的新画廊空间，彼此相互交叉形成一个名为“精神家园”的空白空间。巨大的中庭从首层直通四层，不同的楼层之间由空中连廊彼此相连，旨在将“精神家园”打造成为供游客们沉思的场所。还有一个名为“奇妙楼梯”的晶体，既作为垂直流线之用，同时充当楼梯平台处的玻璃展览橱窗。另一个晶体作为新餐厅。该建筑相互交错的空间设计在不同楼层上创造了一系列的中庭，观者置身其中，伴随空间秩序的不断切换会产生不同的空间体验与感受（图 3-80，图 3-81)。

4）材料处理

材料赋予建筑不同的表情与性格特征，并有多种方式介入到建筑表皮设计中。如未经加工的原始土、石、砖、木、混凝土、玻璃、钢材等，或是经过加工处理，使上述材料呈现粗糙或光滑细腻等不同质地，也可借助色彩、砌筑或搭建方式的不同，使建筑材料呈现不同的视觉效果。

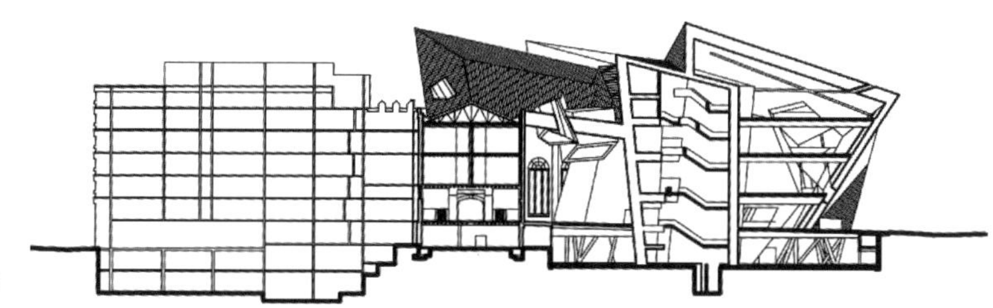

图 3-80 剖面 [9]

图 3-81 室内连通 [69]

在第16届威尼斯双年展上展示了一个名为“Facing Gaia”的公共艺术装置，其名字源自地球上的生物正处于危机时刻的概念，隐喻人类正处在一个资源和空间日益枯竭世界的十字路口——在这个时刻，我们正以先进的技术和不断增强的联系能力进行扩张。李伯斯金解释道：“Facing Gaia 是一种建筑假设，一个冥想……一个想法……一个问题……并着眼于地球、自然以及人类在这个不断变化的生态系统中所扮演角色的不稳定未来。”

正如12米高的白色单体被漂浮的无定形空隙一分为二，中间这个起伏的镜面空间代表无限和有限、可能或不可能，同时反映了周围的花园、水和行人。“塔的组成、材料以及它反射的光，表达了稳定和空虚之间的张力；中心、外围、垂直的以及围绕它的东西，每一刻都旨在以最基本的形式展示建筑所蕴含的力量和意义。”从这个层面来讲，它就像一座灯塔，借助先进材料的使用，引导人们进入一个从可持续性到可行性的文化转变中，探索时间、空间和存在的连续性（图3-82）。

作为新的建筑地标，城市经济复兴计划的关键元素，以及历史与现代的连接点，蒙斯中央会议中心（Centre De Congrès à Mons，Mons，Belgium）采用多种材料，或是不同肌理的处理手段，展现包容、多元、精细化的文化之都的典范。如可观赏到17世纪钟鼓楼的轻钢观景平台，拼贴并置的带状的混凝土墙、垂直板条状的刺槐木墙壁与遵循墙壁曲线的垂直状氧化铝带，以及抛光的土色混凝土前院，点缀以比利时蓝石的条纹，展现场所赋予的建筑文化内涵，等等（图3-83，图3-84）。

对建筑而言，作为象征意义的载体，基本没有脱离平面、造型、空间、材料及装饰这四个方面。平面是构成造型和空间的基础，造型是围合空间的要素，空间是建筑的核心，材料及装饰是展示建筑表情的媒介。四者相互依存，在艺术表现上也各有侧重，倾注着建筑师赋予建筑的情感。

图3-82　被漂浮的无定形空隙一分为二的白色单体[62]

图 3-83 材质的拼贴并置 [63]

图 3-84 混凝土墙与氧化铝带 [64]

2. 意义：创作原型的品质传递

建筑的象征不仅是单纯的“比”，还有升华后的“兴”。对创作原型的关注，也并非仅限于形象本身，还有其具备的品质、精神等文化内核。不同于通过象征载体的处理方式，强调对创作原型形象上的观照与呼应，对象征意义的抽象表达，建筑的象征更强调脱离创作原型的形象本身，而且借喻其品质特征的表达，并通常体现在价值的象征、形式的象征、符号的象征与色彩的象征四个方面 [58]。

1）价值意义的传递

价值的象征，通常指代对建筑存在意义的表述。选择的象征原型，应该具备某种品质，能够展现建筑师的价值取向，彰显建筑作品的独一无二。位于法兰克福繁华地段的 Verve 居住区（Verve，Frankfurt，Germany），由 7 栋四层高的独立住宅别墅组成。其设计构思来自音乐尺度的概念，即每个建筑都有自己独特的特点，而整体构成创造了一个和谐的建筑群。李伯斯金解释道："我创作的这个项目就像一段音乐。和谐的整体产生于每个独立建筑内部和外部之间令人兴奋的差异和相互作用，以及七个结构之间的空间"。以此为依托，每个四层建筑被设计成三个交叉的体量，弯曲的木板条屏风以不同的间隔包裹着建筑，创造了不对称的分层，为每个单元提供被动遮阳和隐私（图 3-85）。

建成时作为欧洲最高的住宅楼，Zlota44 超高层住宅楼（Zlota 44，Warsaw，Poland）以挺拔高耸、清亮阳光的姿态，蕴含着华沙的渴望和国家乐观未来的象征。设计灵感来自波兰鹰翅膀的建筑立面，一方面依照太阳轨迹进行切割，借助弧形的太阳路径雕刻建筑形式，最大限度地为周围建筑提供必要的日照，旨在密集和历史悠久的城市肌体中保留珍贵的日光；另一方面富于时代感的建筑造型，与位于对面的文化宫殿相抗衡，回应了华沙曾经遭受的破坏和战后苏联的重建，以及为华沙天际线增添新风景、迎接新时代的姿态（图 3-86，图 3-87）。

2）形式意义的传递

形式意义的象征是人的意识向外部世界的投射。不同于载体单纯强调对创作原型物象特征的表达，也不同于单纯地强调对创作原型品质特征的展现，依托形

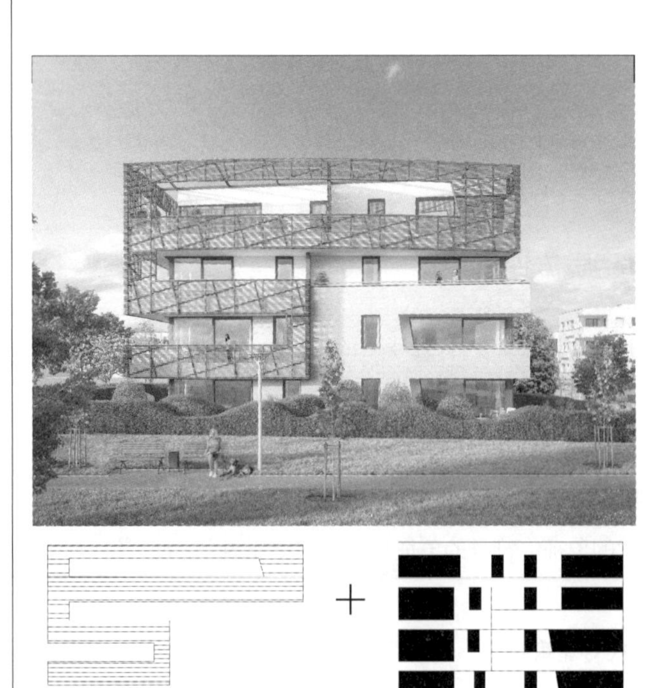

图 3-85 嵌套成整体的造型 [65]

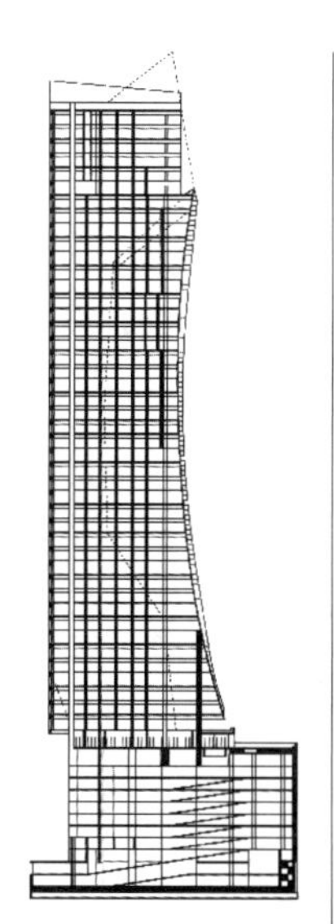

图 3-86 剖面[66]

图 3-87 Zlota44 与文化宫[67]

式处理传统的象征意义，则强调借助具象、抽象的设计手段，既与创作原型在形象上有关联性，又需要表达创作原型的品质特征（表 3-4）。

表 3-4 不同建筑象征手法的特征比较

分类	建筑形象与设计原型的关系	建筑品质与设计原型的关系
造型处理	存在联想性与关联性	无观照
价值意义的传递	无观照	存在联想性与关联性
形式意义的传递	存在联想性与关联性	存在联想性与关联性

坐落于韩国著名旅游景点中的海云台沙滩现代汽车软件工业园（Haeundae Udong Hyundai I'Park，Busan，South Korea），大量采用曲线元素作为塑造动态形式的主要手段，旨在呼应阳光、沙滩、海浪等自然景象，并借助椭圆形柱体配以曲线墙面的划分形式，使得整组建筑犹如即将绽放的花朵，拍岸迭起波浪，或是静静地等候着下一次出航的拱形帆船，隐喻并传递出一种乘风破浪、砥砺前行的

建筑品质与城所精神（图 3-88）。

立陶宛古根海姆博物馆（Hermitage-Guggenheim Vilnius Museum，Vilnius，Lithuania）的设计灵感源自一条起始于立陶宛历史、途经整座维尔纽斯城、穿越尤里斯河，并最终缠绕建筑蜿蜒而至的绿色丝带。这条绿色丝带依附于建筑表皮逐渐蔓延开来，它既是结构又是表皮，如同为建筑注入了一股清新之气，并最终向人们传递出和平、平等的讯息（图 3-89 ～图 3-91）。

图 3-88　海云台沙滩现代汽车软件工业园建筑群 [9]

图 3-89　立陶宛古根海姆博物馆 [9]

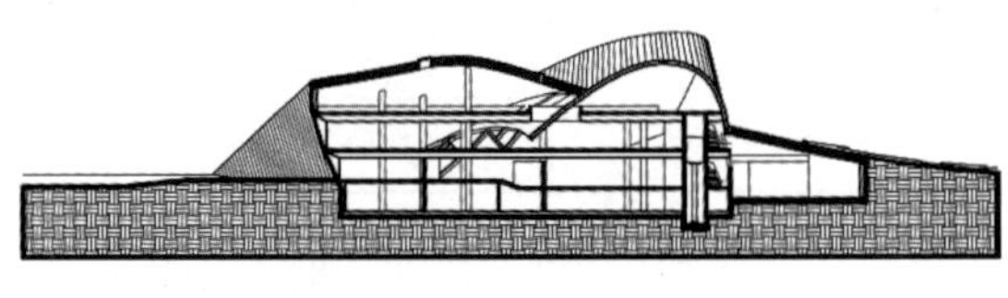

图 3-90　立陶宛古根海姆博物馆剖面（一）[9]

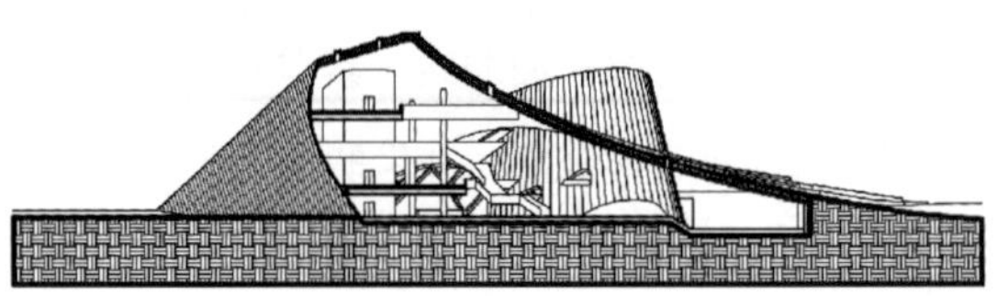

图 3-91　立陶宛古根海姆博物馆剖面（二）[9]

李伯斯金在米兰世博会设计的名为“翅膀”的建筑装置（The Wings，Milan，Italy），是4个10米高的闪闪发光的树状雕塑，固定在意大利中心广场的四个角落。每座装置都是螺旋形的，且从地面延伸成两条横跨10米的分支，呈现展翅的动态效果。主体部分采用拉丝铝合金制成，并借助LED（发光二极管）技术，投射与世博会主题（健康、能源、可持续发展和技术）相关的脉动图案和图像，充满希望且跳跃，为公共空间注入了活力（图3-92，图3-93）。

3）符号意义的传递

建筑符号是艺术符号的一种，是借助语言功能而具备交流属性，并呈现出具有特定指代意义或展现人类情感形式的表现性标识[69]。对李伯斯金而言，作为传递情感的媒介，抽象成建筑符号的标识，便成为他述说情感、追求艺术、编绘理想、展示才华的载体，并具有强烈的表现性。

在各类建筑作品中，最常体会到的就是李伯斯金将建筑视为生命的量度，倾注其对待生命、希望与活力的诉求，并常以光为媒介加以诠释。正如李伯斯金所宣称的：“建筑就是各种形体在光之中所达到的完美和谐，它意味着完美、超乎任何我们所能想及，几乎是一个从上而下的观点，上帝的观点。”[47]

在世贸中心重建方案（Memory Foundations，World Trade Center Master Plan，

图3-92　配以LED的视觉效果[68]

图3-93　形如翅膀的造型效果[68]

New York，USA）中，李伯斯金希望借助光的力量，驱逐人们心中的痛苦与哀伤。在遗址底部设置的广场，取名为“光之楔”，根据精准的函数计算，在每年9月11日的8：46以及10：28，这个广场均会在玻璃的反射下射入两道光线，以纪念这个无法令人忘怀的时刻。正如阳光依旧会照耀在这里一样，民主的基础、生命与自由的价值是不可动摇、永不磨灭的一样，李伯斯金想要让人们相信，建筑和城市一样，有记忆也有灵魂。他借助光的力量，重拾起这片土地的活力，并使人们以一颗饱含热情和勇敢的心去迎接一个崭新的未来（图3-94，图3-95）。

从拜占廷的废墟到纽约的街道，从中国式宝塔的尖顶到埃菲尔铁塔的塔尖，每座建筑的形成都是一个民族文化的积淀，而建筑本身就是一种文化现象。李伯斯金坚称：建筑的发展史就是一个族群文明的进化史。从柏林犹太博物馆、圣弗

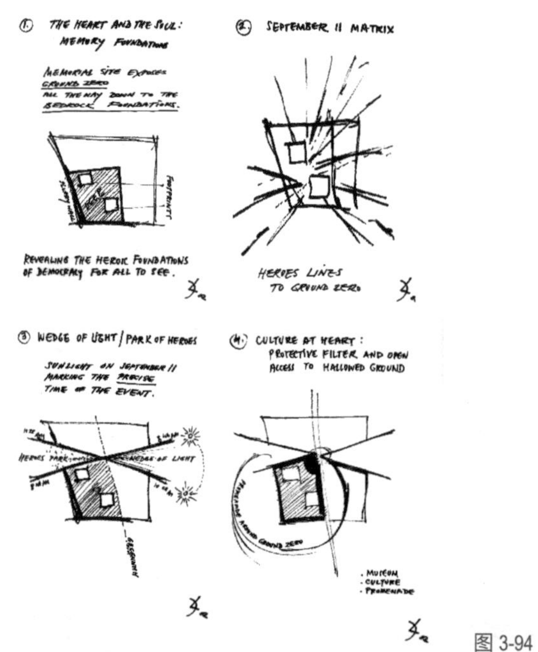

图3-94　设计构思（一）[9]

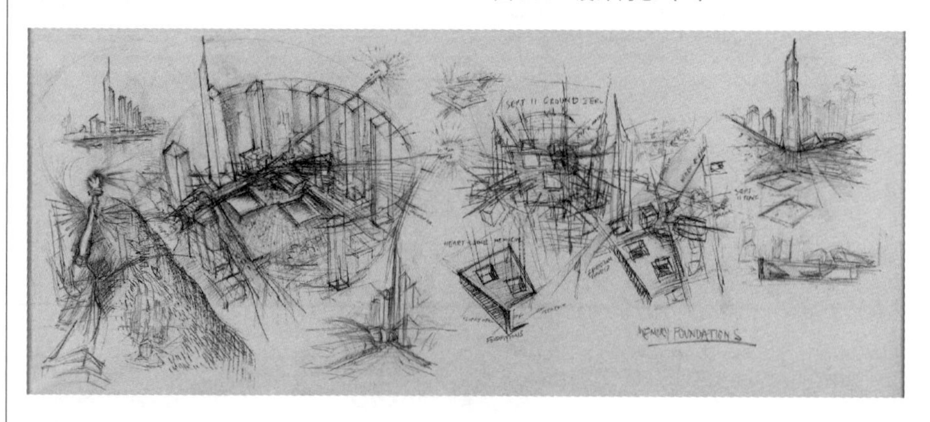

图3-95　设计构思（二）[9]

朗西斯科当代犹太人博物馆、丹麦犹太博物馆、俄亥俄州州议会大厦大屠杀纪念馆，到加拿大国家大屠杀纪念碑、荷兰大屠杀纪念馆等，作为一位犹太裔建筑师，对于展现犹太民族历史的建筑作品，李伯斯金常通过对六角星、希伯来文等民族符号的艺术处理，展现其倾注其中的民族情感（图 3-96）。

作为一位受过音乐教育的建筑师，李伯斯金常将音乐融于建筑创作之中，将建筑立面作为画布基底，借助富于诗性、深邃的符号体系，展示他对艺术的理解。为了营造一种徜徉海洋的自在感受，在卡宾地铁酒店的建筑立面设计中，李伯斯金以他的早期研究作品室内乐绘画系列为蓝本，将其转化成立面造型中最具表现力的艺术符号，配以造型中张扬的色彩基底，赋予建筑独特的艺术品质（图 3-97）。

4）色彩意义的传递

色彩意义的象征是指利用自然色彩的关系，隐喻概念，表达情感，启示传统。也可以利用人们对色彩约定俗成的美学认知，作为展现建筑品质的媒介 [58]。名为“尘世烦恼之园”的公共艺术装置，是由四个色彩不同的抽象雕塑组成，旨在探讨人类在自然界中的失衡。四个雕塑均约 3 米高，形式源自地球仪上的碎片，不同的色彩分别代表着不同的化合物，隐喻着它们对气候的不断变化所起到的重要作用。此外，这种色彩张扬的碎片状形态，与所处环境中 17 世纪宫殿花园的秩序美产生强烈对比，象征着人类曾经赖以生存的完美的自然界，随着科技和人类的干

图 3-96　俄亥俄州州议会大厦大屠杀纪念馆的六角星 [70]

图 3-97　室内乐绘画系列为蓝本的卡宾地铁酒店建筑立面 [71]

预，正在迅速变化（图 3-98 ～图 3-99）。

建筑表皮均覆以金铜色不锈钢板的巴尔—伊兰大学会议中心新馆（The Wohl Centre，Ramat-Gan，Israel），在阳光的直射下，犹如闪着金光的发光源，以极为醒目的酷炫感，成为一个坠入人间的“光之使者”，为建筑及其周边环境源源不断地输送着能量，瞬间点燃了表皮下的无限活力（图 3-100）。

李伯斯金是一位注重塑造建筑品质的建筑师，他反对把建筑作为短暂的存在体来看待，而是力求创造一种纪念碑般的、永久性的建筑形象。他将建筑真正地回归到地方、文化、族群以及历史之中，并使之成为整个历史发展进程中的记录

图 3-98　雕塑与花园 [72]

图 3-99　红色的碎片 [72]

图 3-100　巴尔—伊兰大学会议中心新馆外观 [9]

者，而不是一个匆匆的过客。

3. 语境：创作情感的意象观照

查尔斯·詹克斯在《后现代建筑语言》一书中宣称：所有建筑一直具有内在的象征性。……这些抽象结构总是处于表达特定意义的语境之中，同时用于理解和解释建筑抽象形式的代码也总是源于并反映人们感受和“解读”任何建筑的多种语境。作为语言学概念，语境（Context of Situation）是理解并描述人们在交际过程中语言结构表达的特殊意义及其所依赖的各种影响因素[73]，最先由人类学家马利诺夫斯基（James George Frazer，1854—1941）在1923年提出。发展至20世纪50年代，语境理论作为一种与现代语言学、社会学及科学哲学等领域紧密结合的研究方法，强调将研究对象回归到特定的实时情景与文化背景当中[74]，并以此探寻事物的本质内涵。

20世纪中后叶，语境理论在建筑领域迅速发展，这主要得益于复杂性科学的发展以及后现代哲学的多元建设，当代建筑师惯用深邃内敛、多义模糊的建筑语言展现设计思维，需要借助对创作语境的阐释与介绍，实现与观者的互动交流。李伯斯金作为当代先锋建筑师的代表人物，更加善于运用场域烘托、文本诠释等设计手段，展现建筑作品的象征意义与文化内涵。

1）场域烘托

当代艺术凭借着艺术的扩张而彻底改变了原有的方式，并转化成一个媒体利用的观念实体，宣传“人人都是艺术家”“任何东西都能成为艺术”，正如将小便池放置在博物馆展示便成为艺术品《泉》一样。面对这场艺术泛化，以马塞尔·杜尚（Marcel Duehamp，1887—1968）为代表的实验艺术先驱们，强调艺术与其语境之间的关联性，并为判断、明确事物的艺术品质提供依据[75]。李伯斯金常将这种观念艺术应用到建筑创作中，并将建筑象征意义的展现，付诸于其所在环境的场域烘托中。

透过信仰的镜头（Through the Lens of Faith），是安装在波兰奥斯维辛·比克瑙国家博物馆（Auschwitz-Birkenau State Museum）外的公共装置。其由卡丽尔·英格兰德（Caryl Englander）历时三年拍摄的21幅彩色肖像画组成。这些肖像画分别是犹太人、波兰天主教徒和辛提族难民营幸存者，英格兰德在家里亲密地捕捉她的拍摄对象，很多人直接对镜头，面带微笑，并卷起袖子，露出在集中营时被刺上的囚犯序号。

每一幅肖像画都镶在一个凹进的垂直面板中，上覆黑色玻璃，刻有主人公在集中营的亲身体验，以及他们的信仰。在每一个说教的下面是关于幸存者建立家庭的数据，隐喻种族屠杀后人们对家庭重建的渴望。在充满了视觉和个人的自我叙述中，填补了奥斯威辛集中营游客体验的空白空间。此外，这些装置由两排平行布置的3米高垂直钢板组成，面板的重复图案让人联想到囚犯制服上的条纹，暗示着囚禁，而外侧镜面则反射出周围的风景，唤起身心自由的感受。正是因为这个装置安装在通往奥斯威辛纪念博物馆的小路两边，所以能够展现平面构成图案的象征意义（图3-101～图3-103）。

由于在战争期间曾被空袭夷为平地，因此在波茨坦广场重新设计竞赛方案（Potsdamerplatz，Berlin，Germany）时，李伯斯金设想了一个个交叉线的矩阵，试图解析这个地区的时间和精神上的不连续性。他将方案取名为“Out of Line”，

图3-101　象征制服条纹的平面排列[76]

图3-102　外侧镜面[76]

图3-103　面带微笑的肖像画[76]

象征“十个霹雳的绝对缺席”，即一个由记忆碎片组成拼图的矩阵，九个代表过去的观点，第十个则是通往未来的门户。这些线条既有理论意义，又有一系列混合用途结构的功能用途，并依托所在场域的历史背景烘托，支撑起这些片段的意义呈现，使其成为一个面对过去、重新想象未来的辩证空间（图 3-104，图 3-105）。

2）文本诠释

除了场域烘托外，通过塑造具有阐释功能的建筑形象，或是借助观念艺术中常见的文本诠释，也可引导观者获悉建筑意义。名为“记忆载体”（Vectors，Liberation Route，Berlin，Germany）的标识系统，连续设置在绵延 3000 千米的步行路线上——一条西方盟国在非洲大陆解放期间曾经走过的线路。李伯斯金解释道，“向量是记忆的一种地形图，它们就像空间、时间上的点，同时又与解放的故事联系在一起”，成为诉说线路故事的最佳文本。从伦敦到柏林，矢量标记被设计成不同的形式和尺寸，足够灵活，可以在不同的环境中标记重要的路径点，并且易于安装在不同的环境中，从不同角度标记国家的故事（图 3-106，图 3-107）。

加拿大移民博物馆所在的 21 号码头，曾是百万移民进入加拿大的门户。在这里展出的“良心齿轮”（The Wheel of Conscience，Halifax，Canada），其构思源自圣路易斯号（M.S.St.Louis）的故事。圣路易斯号是一艘运载纳粹德国犹太难民的

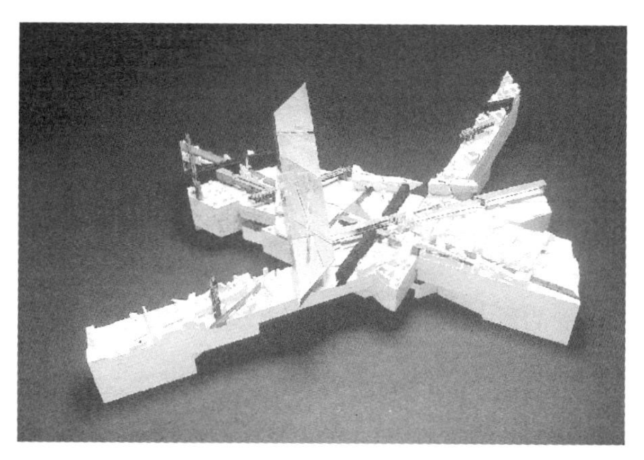

图 3-104　波茨坦广场重新设计竞赛方案（一）[23]

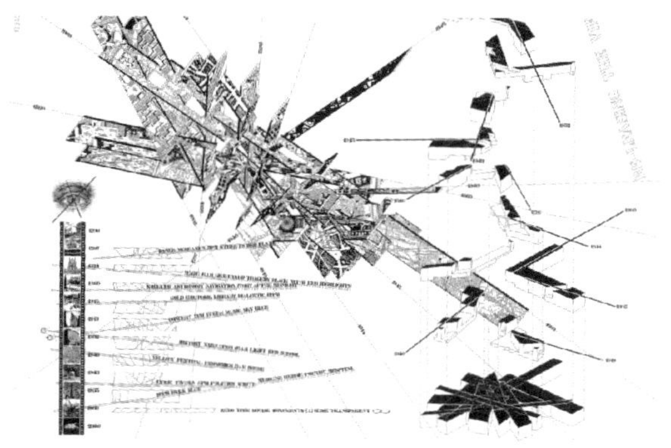

图 3-105　波茨坦广场重新设计竞赛方案（二）[77]

图 3-106　不同形式的标识系统（一）[78]

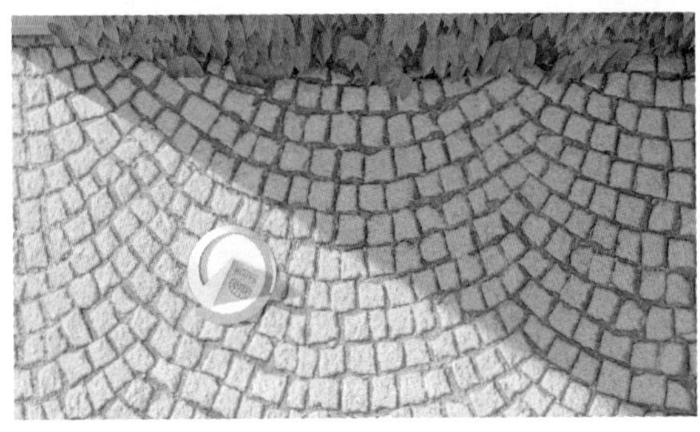

图 3-107　不同形式的标识系统（二）[78]

船，1939 年加拿大政府将其拒之门外。作为一个动态装置，“良心齿轮”借助电机驱动，将一个垂直放置的钢轮内含四个联锁钢齿轮组合在一起持续转动。四个联锁钢齿轮上分别贴着“仇恨、种族主义、仇外心理、反犹太主义”几个单词：大轮子首先被最小和最快的旋转齿轮“仇恨”移动。这个小齿轮把它的力量转移到下一个更大的“种族主义”齿轮上，后者速度稍慢一些。然后，“种族主义”的力量将更大的“仇外心理”齿轮转动起来，其速度更慢。最后，以上三个齿轮都啮合，进入“反犹太主义”的更高挡位。旋转齿轮在固定的时间间隔内断开并重新组装船的图像，圆柱体显示一张跟踪船舶路线的地图，所有乘客的名字都刻在钢衬后面的玻璃上，述说着曾经的悲情故事（图 3-108，图 3-109）。

图 3-108　造型外观[79]

图 3-109 文本释义[79]

黑格尔曾经说过："建筑的艺术在于人类把外在本无精神的东西改造成表现自己精神的一种创造[80]"。这位 19 世纪最重要的反传统和反理性哲人在这里表明了一个重要的事实：建筑是人的艺术，它开始于人类意识的创造，并通过可以度量的创作手法最终回归到不可度量的意识中去。借助对建筑语境的塑造，李伯斯金最终将建筑的象征意义，回归到富有思考、情感与精神的场所创作中，付诸于可阅读、可品味、可感知的文本释义中，为他的作品增加了艺术与文化的厚度。

注释

[1] ALFRED N W. Tscience and the modern world[M]. Free Press，1997：141.

[2] [美] 丹尼尔·里伯斯金，陈茜 . 分离形象：万科馆 [J]. 世界建筑，2015（12）：64.

[3] 18.36.54[J]. 城市环境设计，2014（Z1）：160-165.

[4] Choqueza Quispe A. Revitalización del centro urbano mediante un edificio híbrido en la ciudad de Moquegua-2018[J]. 2019：73.

[5] Daniel Libeskind unveils Hampstead Maggie’s Centre designs[J/OL].https：//www.architectsjournal.co.uk/news/daniel-libeskind-unveils-hampstead-maggies-centre/10043623.article?blocktitle=News-features&contentID=13634，2019.

[6] Libeskind unveils zero-emissions university building designed in collaboration with students[J/OL]. inhabitat.com/libeskind-completes-zero-emissions-university-building-with-help-from-students，2009.

[7] Libeskind e saporiti[J/OL].domusweb.it/it/notizie/2012/12/05/libeskind-e-saporiti.html，2012.

[8] ULUĞ E. An investigation into the connotations of iconic buildings by using a semiotic model of architecture[J]. Social Semiotics，2020：9.

[9] Counterpoint：Daniel Libeskind in Conversation with Paul Goldberger[M]. the monacelli press，2008：265 74 75 331 126 309 310 86 87 60 61 57 54 232 233 227 68 72 142 143 125 127 350 63 370 371 374 375 240 236 237 238 312 313.

[10] 郜烈炎 . 解构主义设计 [M] . 南京：江苏美术出版社，2001（8）：197.

[11] [英] 塞西尔·巴尔蒙德 . informal 异规 CecilBalmond[M]. 李寒松，译 . 北京：中国建筑工业出版社，2008.

[12] ZUMTHOR P，NOUVEL J. Architect：the pritzker prize laureates in their own words[J]. 2010：129-169.

[13] 张凯静，周兰翎 . 结构成就建筑之美——张之洞博物馆 [J]. 华中建筑，2019，37（04）：36-39.

[14] 丹佛美术新馆 [J]. 城市环境设计，2014（Z1）：88-101.

[15] Al Jaff A A M，Al Shabander M S，BALA H A. Modernity and Tradition in the Context of Erbil Old Town[J]. American Journal of Civil Engineering and Architecture，2017，5（6）：222.
[16] 刘杨 . 基于德勒兹哲学的当代建筑创作思想研究 [D]. 哈尔滨：哈尔滨工业大学，2013：56.
[17] 편집부 . 스튜디오 다니엘 리베스킨트 [J]. 월간 컨셉，2012(160)：88-93.
[18] 李倩 . 日本当代建筑空间特性研究 [D]. 天津：天津大学，2012.
[19]［德］海德格尔，孙周兴 . 演讲与论文集 [M]. 北京：生活 · 读书 · 新知三联书店，2005.
[20] 陈琦，庄惟敏 . 空间的生产与消费：对当代建筑空间复杂性的解析 [J]. 新建筑，2011（03）：11-14.
[21] Gyorgy Kepes S. Giedion S. I. Hayakawa. Language of Vision[M]. P.Theobald，1944.
[22] 王盈盈，叶鹏 . 解读透明性 [J]. 中外建筑，2007（07）：59-61.
[23] MAROTTA A. Daniel Libeskind[M]. Lulu. com，2013：55-59.
[24] DURAN S. A THESIS SUBMITTED TO THE GRADUATE SCHOOL OF NATURAL AND APPLIED SCIENCES OF[D]. MIDDLE EAST TECHNICAL UNIVERSITY，2005：71.
[25] 张杨 . 空间 · 场所 · 时间——建筑场的基本构成要素 [J]. 河北建筑工程学院学报，2000（02）：26-29.
[26] 唐炎潮 . 界面的消解——基于场所的建筑生成方法研究 [D]. 厦门：厦门大学，2006：20 64 69.
[27] Studio Libeskind's anthropology museum evokes the stark forms of the Chilean desert [J/OL]. https：//www.archpaper.com/2019/03/studio-libeskind-anthropology-museum-chile-stark-forms-desert，2019.
[28] 苏李 . 苏珊 · 朗格艺术理论中的音乐幻象理论研究 [D]. 南宁：广西师范大学，2007：34.
[29] 王晨雅 . 开放的维尔纽斯文化之门 [J]. INTERNI 设计时代，2019，3/4：80-85.
[30] 편집자 . 용산국제업무지구（YIBD）마스터플랜 설계 국제현상공모 [J]. 한국도시설계학회지 도시설계，2009，10（2）：200-213.
[31] daniel libeskind：academy of the jewish museum berlin[J/OL]. https：//www.designboom.com/architecture/daniel-libeskind-academy-of-the-jewish-museum-berlin，2012.
[32] daniel libeskind：jewish museum berlin academy[J/OL]. https：//www.designboom.com/architecture/daniel-libeskind-jewish-museum-berlin-academy，2010.
[33] 小西 . 历史的警醒：加拿大国家大屠杀纪念碑 [J]. 室内设计与装修，2018.
[34]［美］鲁道夫 · 阿恩海姆 . 建筑形式的视觉动力 [M]. 宁海林，译 . 北京：中国建筑工业出版社，2006，（9）：前言 .
[35] 谢冬冰 . 表现性的符号形式“卡西尔朗格美学”的一种解读 [M]. 上海：学林出版社，2008：201-205.
[36]［美］苏珊 · 朗格 . 情感与形式 [M]. 刘大基，傅志强，周发祥，译 . 北京：中国社会科学出版社，1986：72.
[37] Studio Libeskind reveals Ngaren，museum of human history in Kenya[J/OL].https：//www.archpaper.com/2019/05/ngaren-the-museum-of-humankind-studio-libeskind-kenya/，2019.
[38] CABINN-a story of struggle and success[Z]. 2019：29-53.
[39] StudioDanielLibeskind，薇拉 . 破与立 德国德累斯顿军事博物馆 [J]. 室内设计与装修，2012（06）：18-27.
[40] Split Star[J/OL].https：//www.archpaper.com/2014/06/split-star/，2014.
[41] 王为为 .《亚威侬少女》视觉图像分析 [J]. 艺术研究，2019，000（002）：12-13.
[42] 福柯，等 . 激进的美学锋芒 [M]. 周宪，译 . 北京：中国人民大学出版社，2003，（11）：20.
[43] 郎格 . 艺术问题 [M]. 中国社会科学出版社，1983.
[44] 欧雄全，王蔚，高青，等 . 先锋建筑、解构空间——香港城市大学邵逸夫媒体创意中心的解读与思考 [J]. 中外建筑，2016，187（11）：24-29.
[45] 胡经之，伍蠡甫 . 西方文艺理论名著选编 [M]. 北京：北京大学出版社，1987：375.
[46] 李茗茜 . 解读柏林犹太人博物馆中霍夫曼花园 [J]. 华中建筑，2009，027（001）：45-47.

[47] [美] 丹尼尔 · 李伯斯金 . 光影交舞石头记——建筑师李伯斯金回忆录 [M]. 吴家恒，译 . 香港：时报文化出版社，2006，(1)：201 59.

[48] 曾飞，王静 . 叠加与融合——恩里克·米拉利斯建筑中的场地 [J]. 城市建筑，2009，000 (004)：98-100.

[49] HOLL S. Anchoring[M]. New York：Princeton Achitectural Press，1989，9.

[50] 张彤 . 整体地区建筑 [M]. 南京：东南大学出版社，2003.4.

[51] HAL Fr. (Post) Modern Polemics [J]. New German Critique，1984 (33)：67-78.

[52] 刘先觉 . 现代建筑理论 [M]. 北京：中国建筑工业出版社，1999：42.

[53] TEERINK S E. Raakvlakken en identiteit：Over het landschapskunstbeleid en de–kunstwerken in Flevoland en Zuid-Holland[D]. 2011：12.

[54] “记忆与光” ——9 · 11 纪念碑 [J]. 城市环境设计，2014 (Z1)：146-149.

[55] 陆扬，王毅 . 文化研究导论 [M]. 上海：复旦大学出版社，2006.

[56] 羊恂 . 象征与建筑创作 [D]. 重庆：重庆大学，2003.13.

[57] [英]G. 勃罗德彭特，等 . 符号、象征与建筑 [M]. 乐民成，等译 . 北京：中国建筑工业出版社，1991：29.

[58] 郑时龄 . 建筑象征的符号学意义 [J]. 同济大学学报：社会科学版，1992 (01)：1-5.

[59] daniel libeskind：ko-bogen dusseldorf under construction[J/OL]. https：//www.designboom.com/architecture/daniel-libeskind-ko-bogen-dusseldorf-under-construction，2013.

[60] 作者改绘；https：//www.archdaily.com/802016/studio-libeskind-reveals-plans-for-holocaust-monument-of-names-in-amsterdam?ad_medium=widget&ad_name=navigation-next

[61] Daniel Libeskind，Pinnacle in collaborazione con Casalgrande Padana per Bologna Water Design 2013[J/OL]. https：//www.professionearchitetto.it/news/notizie/18192/Daniel-Libeskind-Pinnacle，2013.

[62] Time Space Existence：Architecture Biennial (Venice 2018) [M]. GAAF Publishing，2019：534.

[63] 李莹，Georges De Kinder，Hufton+Crow. 城市光芒 [J]. 建筑知识，2015，35 (04)：6-13.

[64] Centre De Congres A Mons Completed In Belgium：A New Cultural HotSpot By Daniel Libeskind[EB/OL]. (2015-01-27) .https：//worldarchitecture.org/architecture-news/cppgh/centre-de-congres-a-mons-completed-in-belgium-a-new-cultural-hotspot-by-daniel-libeskind.html

[65] 作者改绘；https：//libeskind.com/work/verve/

[66] SZOLOMICKI J，GOLASZ S H.Architectural and Structural Analysis of Selected Tall Buildings in Warsaw，Poland[J]. International Journal of Architectural and Environmental Engineering，2018：459.

[67] 王小玲 . 黄金街 44 号高层住宅，华沙，波兰 [J]. 世界建筑，2009 (11)：92-95.

[68] THE WINGS SCULPTURES BY LIBESKIND AT EXPO 2015[J/OL]. https：//www.urdesignmag.com/art/2015/07/14/the-wings-sculptures-by-daniel-libeskind-for-expo-milano-2015，2015.

[69] [意] 翁贝尔托 · 埃科 . 符号学与语言哲学 [M]. 王天清，译 . 天津：百苑文艺出版社，2006：4-7.

[70] Split Star[J]. The Architect’s Newspaper，2014.

[71] CABINN-a story of struggle and success[Z]. 2019：29-53.

[72] Daniel Libeskind’s colourful sculptures protest climate change [J/OL]. https：//www.wallpaper.com/art/daniel-libeskind-garden-of-earthly-worries-netherlands，2019.

[73] JANET M，OPEN U. Language and literacy in social practice：a reader[M]. UK：Multilingual Matters，1994.

[74] KEPA K. Malinowski and pragmatics Claim making in the history of linguistics[J]. Journal of Pragmatics，2008 (40)：1645-1660.

[75] 王南溟 . 观念之后：艺术与批评 [M]. 长沙：湖南美术出版社，2006，21.

[76] Studio Libeskind creates outdoor installation to honor liberation of Auschwitz [J/OL].https：//www.

archpaper.com/2019/05/studio-libeskind-outdoor-installation-liberation-of-auschwitz/#gallery-0-slide-3，2019.

[77] SERRAZANETTI F, SCHUBERT M. Zaha Hadid: Inspiration and Process in Architecture[C]// Image Analysis & Recognition, International Conference, Iciar, Halifax, Canada, July. 2011.

[78] Liberation Route Europe's international hiking trail vectors of memory[Z].2019：16 18.

[79] MS St. Louis：The ship that was forced to return its passengers to the Holocaust[J/OL].https：// www.theglobeandmail.com/news/national/ms-st-louis-the-ship-that-was-forced-to-return-its-passengers-to-the-holocaust/article631236，2011.

[80] [英]尼古拉斯·佩夫斯纳，等.反理性主义者与理性主义者[M].邓敬，王俊，等译.北京：中国建筑工业出版社，2003：45.

结 语

丹尼尔·李伯斯金的建筑作品总是承载着深刻的历史主题与人类命题。从2001年落成的柏林犹太博物馆到曼彻斯特帝国战争博物馆，从圣弗朗西斯科当代犹太博物馆到轰动全球的纽约世贸中心重建方案，从来没有哪位建筑师像李伯斯金一样能够如此深刻地面对人性，把战争的影响融化在建筑中，将人们对待生命与希望的渴求发挥得淋漓尽致，使历史的真相在时代面前无所遁形。在李伯斯金的作品中，仿佛真的有一颗炮弹在建筑内部爆炸：尖锐、角形的金属碎片和反重力的墙体，用反常规的法则来传达一种显而易见的刺激情绪——这不是故弄玄虚的形式游戏，而是身为建筑师倾注情感与使命的一种表达方式。李伯斯金的努力使我们相信：建筑能够成为"穿越历史的尘埃，留下永不磨灭的记忆，虽历经兴衰，却风采依旧"的人性丰碑。

艺术视野的跨疆越界、哲学思想的广采博纳，洞悉人性的教义责任，支撑起李伯斯金的创作思维。他不但精通各种音乐理论知识，而且深受史学、社会学和哲学的影响，渊博的艺术功底赋予建筑激情与理性、狂放与内敛、精确与神秘的个性交融，呈现一种"对无序、繁复、自由、民主的迷恋以及对偶然性和个人选择的强势限制"[1]的悖论。虽然这些奔放、张扬的建筑形式会让有些评论者不安，但是赢得了多数参观者的尊敬。或许正是因为"只有在那种锋芒毕露的形式背后，人们才可以最为真切地感受到建筑背后所散发出来的理性光芒"。

一、回归艺术化表现的创作本源

当代艺术的观念与批判，对李伯斯金的建筑创作起到了不可忽视的推动作用。在他的建筑作品中，形态构件可以塑造表情，空间构成可以创造意境，技术建构可以支撑梦想，它们衍生于"因观念而生，为意义而活"[2]的创作本源——这并非传统艺术的"含义"，也不是现代艺术的形式"意味"，而是一种付诸于形式及其语境关联生成的意义表达。回归艺术化表现的创作本源，势必要借助民族意识、音乐信念与视觉媒介的文化触点，内向型、非具象、非理性的艺术呈现，"非在"存在性、有限无限性的二元哲学，剖析李伯斯金倾注于建筑的情感、追求、理想与价值，一种超脱于"有意味的形式"转而打造"有观念的形式"的诉求。正是这种对先前建筑理论的批判式继承，帮助他在建筑创作道路上走得更远、更长。

二、凝练艺术化表现的物态特征

李伯斯金宣称："建筑，可以用它来尽情表现信念，用它来集中体现人性的自由、想象力和精神。它永远不应该自贬身价，降格成为技术、教育和金钱所提供的必需品。正是这个原因我开始创作建筑空间。[3]"通过极力打造充斥着衍生门窗、交叉折线、复合表皮、几何体块等复杂形式语言的设计范式，构筑依托界面、秩序与尺度，场所、路径与内容，气氛、情绪与时间等承载复合空间体验生成的奇想世界，以及借助对复杂性科学、拓扑数学等非欧几何的技术采撷，搭建以分形几何的自相似性、拓扑几何的异构联结、晶体几何的自治生成为特点的技术美学体系，李伯斯金致力于引导每一位置身其中的参与者都能够经历一段无法模仿的真实体验。基于这种人性的体验，赋予他的建筑作品具有强烈的艺术表现性，并最终推动李伯斯金的建筑走向未来。

三、评介艺术化表现的手法张力

李伯斯金坚信：建筑应是一种"类生命式"的艺术形象，带有人类主观情感的体验过程，它的价值在于依托形式背后的内容以及使用者赋予的意义所展现的强大生命力。对他而言，依托意识创作的"类生命式"艺术形式，并非单纯指代"字义上的趣味游戏"，而是一种"远比技术、美学等要素还要重要"的表现素材，并在建筑创作中起着重要作用。为塑造富有生命力的艺术形象，李伯斯金在塑形手法、意识表达及意义呈现上，均强调对经验形象的抽象处理，通感效果的肌理塑造以及特定语境的同化协作，旨在将建筑发展成某种具备功能关系、情感投射或场域关联的思维载体，成为建筑作品展现生命力的创作秘语。

基于艺术与建筑的互动，本书以"艺术化表现"作为对李伯斯金建筑创作的最终概括。将艺术与建筑、艺术与技术并行思考，建立完整的知识体系和技术美学思维，使李伯斯金的建筑作品，凭借强烈的艺术化表现冲击着当代美学观念，并以一种思想与观念的力量，引发人们对待生命、理想、价值的思考，呈现出神秘的哲学性及无尽的可能性。

注释

[1] 万书元．当代西方建筑美学［M］．南京：东南大学出版社，2001：103.
[2] 王南溟．观念之后：艺术与批评［M］．长沙：湖南美术出版社，2006：66.
[3] 尹国钧．建筑事件，解构6人［M］．重庆：西南师范大学出版社，2008：215.

参考文献

[1] [美] 威廉·J·米切尔 . 比特之城 [M]. 范海燕，胡泳，译 . 北京：生活·读书·新知三联书店，1999，(12) .

[2] 里伯斯金 . 个人宣言 [J]. ARCHITECT. 2005 (12)：76.

[3] [美] 丹尼尔·李伯斯金 . 光影交舞石头记——建筑师李伯斯金回忆录 [M]. 吴家恒，译 . 香港：时报文化出版社，2006 (1)：14-201.

[4] 李培栋 . 马克思主义文献中的“文明”概念 [J]. 齐鲁学刊，1983 (01)：5-6.

[5] 尹国均 . 建筑事件，解构 6 人 [M]. 重庆：西南师范大学出版社，2008：210 215.

[6] 周欣 . 现代西方设计批评研究 [D]. 苏州：苏州大学，2016.

[7] 小西 . 历史的警醒 加拿大国家大屠杀纪念碑 [J]. 室内设计与装修，2018 (8)：82-87.

[8] Counterpoint：Daniel Libeskind in Conversation with Paul Goldberger[M].the monacelli press，2008：235 173 360 331 241 293 295 298 191 267 25 178 180 161 157 184 188 57 82 83 149 150 379 377 355 224 217 285 288 70 71 86 355 356 351 113 116 307 305 308 309 299 256 257 261 373 372 166 167 168 102 103 290 291 265 74 75 331 126 309 310 86 87 60 61 57 54 232 233 227 68 72 142 143 125 127 350 63 370 371 374 375 240 236 237 238 312 313.

[9] [德]G.G. 索伦 . 犹太教神秘主义主流 [M]. 涂笑非，译 . 成都：四川人民出版社，2000：130.

[10] Anonymous. Studio Daniel Libeskind；Contemporary Jewish Museum Opens in San Francisco[J]. Science Letter，2008.

[11] [美] 萨林加罗斯 . 反建筑与解构主义新论 [M]. 北京：中国建筑工业出版社，2009：56.

[12] 在广岛个人展览中的讲话 .http：//www.lifeweek.com.cn/2002/0928/1170.shtml

[13] PEÑARANDA L，RODRIGUEZ L. Construir argumentos como estrategia de enseñanza-aprendizaje[J]. Revista de Formación e Innovación Educativa Universitaria. Vol，2012，5 (1)：47.

[14] DURAN S. A THESIS SUBMITTED TO THE GRADUATE SCHOOL OF NATURAL AND APPLIED SCIENCES OF[D]. MIDDLE EAST TECHNICAL UNIVERSITY，2005：57 71.

[15] https：//libeskind.com/work/cranbrook-machines/

[16] MAROTTA A. Daniel Libeskind[M]. Lulu. com，2013：29 31 33 175 134 135 151 22 174 33 55-59.

[17] Johanna P.Maksimainen，Tuomas Eerola，Suvi H.Saarikallio.Ambivalent Emotional Experiences of Everyday Visual and Musical Objects.2019，9 (3) .

[18] [美] 丹尼尔·里伯斯金，Ros Kavanagh，Jarek Matla. 爱尔兰都柏林大运河广场剧院 [J]. 中国建筑装饰装修，2011 (03)：82-89.

[19] 王晨雅 . 开放的维尔纽斯文化之门 [J]. INTERNI 设计时代，2019 (3/4)：80-85.

[20] [法] 米歇尔·福柯，等 . 激进的美学锋芒 [M]. 周宪，译 . 北京：中国人民大学出版社，2003：81 43 114 258 20.

[21] “记忆与光”——9·11 纪念碑 [J]. 城市环境设计，2014 (Z1)：146-149.

[22] 陈晓红，刘桂荣 . 审美现代性与视觉文化转向中的电影艺术 [J]. 文艺理论与批评，2005 (06)：104-107.

[23] Hanuš J. Detail v architektuře. Výtvarné aspekty moderní architektury a jejich aplikace do současných kontextů výtvarné výchovy[J]. 2017：91.

[24] 费菁 . 超媒介—当代艺术与建筑 [M]. 北京：中国建筑工业出版社，2005：115.

[25] 葛祥国 . 图地意象景观——基于格式塔心理学视角的景观设计分析 [J]. 建筑与文化,2018 (08)：39-40.

[26] 杨志疆 . 当代艺术视野中的建筑 [M]. 南京：东南大学出版社，2003：49.

[27] Honore de Balzac.Lost Illusions[M]. Start Publishing LLC，2012.

[28] Yves Montand，French and Proud (The Dave Cash Collection) [L]. The Dave Cash Collection，2013.

[29] Jean-Francois Mille. Gleaners[X]. Get Custom Art，2018.

[30] 曾伟，孙时进 . 观念艺术中人的美学需求的心理探索 [J]. 心理学探新，2016，36（02）：112-116.

[31] 胡恒 . 建筑师约翰 · 海杜克索引 [J]. 建筑师，2004（05）：79-89.

[32] 作者改绘：[美] 约翰 · 海杜克 . Wall House New York：Harcourt Brace，1968.

[33] MANSOUR H，SAYED N. Town And House[J]. Brandenburg University of Technology，2017：1 17.

[34] 迪勒，等 . 库柏联盟——建筑师的教育 [M]. 台北：圣文书局 .1998.

[35] Kandinsky Wassily，Composition VIII[X]. Get Custom Art，2018.

[36] Kandinsky Wassily，After A Design [X]. Get Custom Art，2018.

[37] 高火 . 马列维奇与至上主义绘画 [J]. 世界美术，1997（01）：46-50.

[38] 郝辰 . 抽象艺术影响下的城市户外家具设计 [D]. 南京：南京林业大学，2008.

[39] Kazimir Malevich. Suprematism[L].xennex，2011.

[40] Michel Foucault，Madness and Civilization.A History of Insanityin the Age of Reason [M].Vintage，1988.

[41] 万书元 . 当代西方建筑美学新思维（下）[J]. 贵州大学学报（艺术版），2004（1）.

[42] 尹国均 . 混杂搅拌：后现代建筑的 N 种变异 [M]. 重庆：西南师范大学出版社，2008：1.

[43] Serrazanetti F，Schubert M. Daniel Libeskind. Inspiration and Process in Architecture[M]. Moleskine，2015：87 86.

[44] Cecil Balmond. Informal[M]. Munich：Prestel，2002：195，198-199.

[45] Robert Venturi，Complexity and contradiction in architecture，Museum of Modern Art，1966.

[46] 王向峰 . 从结构主义到德里达的解构主义 [J]. 辽宁大学学报（哲学社会科学版），2018，46（01）：118-122.

[47] 李海峰 . 从“对立”到“分延”——德里达的“在场”与“不在场”关系辨析 [J]. 湖南工业职业技术学院学报，2014，14（04）：77-79.

[48] 郑湧 . 伽达默尔哲学解释学的基本思想 [J]. 安徽师范大学学报（人文社会科学版），2007（06）：630-642.

[49] 편집부 . Extension Felix Nussbaum Haus. 2011，146（146）：120-129.

[50] Al Jaff A A M，Al Shabander M S，BALA H A. Modernity and Tradition in the Context of Erbil Old Town[J]. American Journal of Civil Engineering and Architecture，2017，5（6）：222.

[51] Andreas Papadakis&Kenneth Powell，In Defense of Freedom. Andreas Papadakis，Geoffrey Broadent&Maggie Toy：Free Spirit in Archietcture[M]. New York：St. Martin’s Press，1992.

[52] 殷俊，殷启正 . 分形几何中的美——分形理论哲学探索之一 [J]. 洛阳大学学报，2005（04）：27-30.

[53] SIMPSON V. The Garden of Earthly Worries[J]. Blueprint，2019，（364）：41-44

[54] Daniel Libeskind’s colourful sculptures protest climate change [J/OL]. https：//www.wallpaper.com/art/daniel-libeskind-garden-of-earthly-worries-netherlands，2019.

[55] 张娓 . 解析舒伯特《b 小调第八交响曲》忧伤情绪 [J]. 音乐时空，2015（02）：113 109.

[56] Lee，KyoungChang. Study on Daniel Libeskind’s Jewish Museum in Berlin viewed from critical theory[J]. 2015.

[57] 张向宁 . 当代复杂性建筑形态设计研究 [D]. 哈尔滨工业大学，2010.

[58] 王冬雪 . 文学评论家别林斯基的艺术观与哲学观 [J]. 前沿，2014（ZC）：222-223.

[59] 王建刚，应舒悦 . 普列汉诺夫艺术社会学中的人类学思想 [J]. 学术研究，2019（09）：157-165.

[60] [美] 鲁道夫 · 阿恩海姆著 . 建筑形式的视觉动力 [M]. 宁海林，译 . 北京：中国建筑工业出版社，2006，（9）：176 前言 .

[61] JENCKS C. The New Paradigm in Architecture：The Language of Post-modernism[J]. 2002.

[62] KENNETH P，CATHY S. New london architecture 2[J]. Merrell Publishers，2007.

[63] 佚名 . 人像摄影入门之窗外光的利用（二）[J]. 党员之友，2002（22）：38.

[64] Daniel Libeskind，Bitter Bredt，余丹 .“西部”的新生活 [J]. 设计家，2009（02）：60-69.

[65] 佚名 . 菲利克斯·努斯鲍姆博物馆改扩建 [J]. 中国建筑装饰装修，2011（9）：82-87.
[66] 孙晓娜 . 康定斯基抽象艺术理论及其对现代设计理念的影响 [D]. 山东大学，2017.
[67] https：//libeskind.com/work/outside-line/
[68] 정인하，김홍수 . 다니엘 리베스킨트의 건축 공간개념에 관한 현상학적 연구 [J]. 한국건축역사학회지，2002：38.
[69] CABINN-a story of struggle and success[Z]. 2019：29-53.
[70] 丹尼尔·里伯斯金，陈茜 . 分离形象：万科馆 [J]. 世界建筑，2015（12）：58-63.
[71] YAKIN B. Tasarım Sürecinde Eskiz ile Biçim-İçerik Sorgulama ve Çözümlemeleri：Bir Durum Analizi[J]. Sanat ve tasarım dergisi，2015，1（15）：124.
[72] Redecke，Sebastian，Berlin.Um Libeskind herum[J].Bauwelt，2016（23）：6-7.
[73] [德] 克里斯汀·史蒂西 . 建筑表皮（DETAIL 建筑细部系列丛书）[M]. 大连：大连理工出版社，2009.
[74] 葛祎 .《安娜·卡列尼娜》中的死亡意识 [J]. 文化学刊，2018（07）：57-59.
[75] Salminen M. All Sports! Tampere：Monitoimiareenan mahdolliset urheilun suurtapahtumat 2020–2030[J]. 2017：42 40.
[76] Centre De Congres A Mons Completed In Belgium：A New Cultural HotSpot By Daniel Libeskind[EB/OL].（2015-01-27）.https：//worldarchitecture.org/architecture-news/cppgh/centre-de-congres-a-mons-completed-in-belgium-a-new-cultural-hotspot-by-daniel-libeskind.html
[77] 丹尼尔·李布斯金，艾悠 . 城市的风景 德国杜塞尔多夫 K-Bogen 商业中心 [J]. 室内设计与装修，2015（02）：92-93.
[78] 皇家安大略博物馆 [J]. 城市环境设计，2014（Z1）：102-111.
[79] daniel libeskind：beyond the wall INTERNI hybrid architecture & design[J/OL]. https：//www.designboom.com/architecture/daniel-libeskind-beyond-the-wall-interni-hybrid-architecture-design，2013.
[80] daniel libeskind places beyond the wall at cosentino's spanish headquarters[J/OL]. https：//www.designboom.com/architecture/daniel-libeskind-places-beyond-the-wall-at-cosentinos-spanish-headquarters-02-20-2014/，2014.
[81] [美] 鲁道夫·阿恩海姆 . 艺术与视知觉 [M]. 腾守尧，朱疆源，译 . 成都：四川人民出版社，1998，（3）：13.
[82] 许帆扬 . 爱德华 W 索亚的第三空间理论研究 [D]. 南京师范大学，2017.
[83] Junaidy D W，Nagai Y. The characteristic of thought of digital architect[J]. Int. J. Creat. Future Herit.（TENIAT），2017：52.
[84] 丹尼尔·里伯斯金 . 香港城市大学创意媒体中心 [J]. 城市环境设计，2013（08）：224-229.
[85] 丹佛美术新馆 [J]. 城市环境设计，2014（Z1）：88-101.
[86] 谢冬冰 . 表现性的符号形式“卡西尔朗格美学”的一种解读 [M]. 上海：学林出版社，2008：201-205.
[87] [美] 苏珊·朗格，S.K.，朗格，等 . 情感与形式 [M]. 刘大基，傅志强，周发祥，译 . 北京：中国社会科学出版社，1986：137 72.
[88] daniel libeskind plans to build kurdistan museum in iraq[J/OL]. https：//www.designboom.com/architecture/daniel-libeskind-the-kurdistan-museum-erbil-iraq-04-11-2016，2016
[89] 张凯静，周兰翎 . 结构成就建筑之美——张之洞博物馆 [J]. 华中建筑，2019，37（04）：32-39.
[90] 张之洞与近代工业博物馆 [J]. 城市环境设计，2014（Z1）：128-133.
[91] Twisting Steel in Wuhan [J/OL]. https：//design-anthology.com/story/twisting-steel，2020.
[92] First Images Of Names Monument For Amsterdam's Jewish Cultural District Unveiled By Daniel Libeskind[J/OL].https：//worldarchitecture.org/architecture-news/cggvm/first-images-of-names-monument-for-amsterdam-s-jewish-cultural-district-unveiled-by-daniel-libeskind.html，2016.
[93] Dutch Holocaust 'Names' memorial finally puts emphasis on victims not victors[J/OL]. https：//

www.timesofisrael.com/dutch-holocaust-names-memorial-finally-puts-emphasis-on-victims-not-victors/?fbclid=IwAR0AyL-mRK_ORd8FeSgr3Br61pLR34zLwVCPh7Lh1VtTH3AMCZw49St8Y9g，2019.

[94] https：//libeskind.com/work/names-monument/

[95] Dutch court rejects petition against Amsterdam Holocaust monument[J/OL].https：//www.jta.org/quick-reads/dutch-court-rejects-petition-against-amsterdam-holocaust-monument，2019.

[96] Sonnets in Babylon：Biennale D'Architettura Di Venezia：Daniel Libeskind：Drawings[M]. Quodlibet，2016：14-34.

[97] 王建国 . 光、空间与形式——析安藤忠雄建筑作品中光环境的创造 [J]. 建筑学报，2000（02）：61-64.

[98] 谢明洋 . 为了忘却和理解的纪念——丹尼尔 · 里伯斯金和他的当代犹太博物馆 [J]. 建筑知识，2009，29（01）：20-29.

[99] StudioDanielLibeskind，薇拉 . 破与立：德国德累斯顿军事博物馆 [J]. 室内设计与装修，2012（06）：18-27.

[100] 夏然 . 情绪空间：写给室内设计师的空间心理学 [M]. 南京：江苏凤凰科学技术出版社 .2019：19.

[101] 张鑫 . 浅论五度空间与建筑 [J]. 华中建筑，2005（02）：62-63.

[102] 勒 · 柯布西耶 . 走向新建筑 [M]. 西安：陕西师范大学出版社，2004.

[103] 冒卓影，冒亚龙，何镜堂 . 国外分形建筑研究与展望 [J]. 建筑师，2016（04）：13-20.

[104] 吴小宁 . 分形：数学与艺术的现代结合 [J]. 南宁职业技术学院学报，2002（02）：55-59.

[105] 沈源 . 整体系统：建筑空间形式的几何学构成法则 [D]. 天津大学，2010.

[106] 塞西尔 · 巴尔蒙德 . 异规 [M]. 李寒松，译 . 北京：中国建筑工业出版社，2008.

[107] Joao Pedro Xavier. Leonardo’s Representational Technique for Centrally-Planned Temples[J]. Nexus Network Journal，2008，10（1）：77-99.

[108] Salingaros N A. The Laws of Architecture from a Physicist’s Perspective [J]. Physics Essays，1995，8：638-643.

[109] Daniel Libeskind vystavuje v Brn ě řeč architektury[J/OL]. http：//www.designmag.cz/udalosti/42844-daniel-libeskind-vystavuje-v-brne-rec-architektury.html

[110] Menteth W，van't Klooster I，Jansen C，et al. Competition Culture in Europe：2013—2016[J]. 2017：120.

[111] 李建军 . 拓扑与褶皱——当代前卫建筑的非欧几何实验 [J]. 新建筑，2010（03）：87-91.

[112] Gausa M. The Metapolis Dictionary of Advanced Architecture Barcelona：Ingoprint SA，2003.

[113] David S. Richeson. Euler’s Gem：The Polyhedron Formula and the Birth of Topology. Princeton University Press. 2008：4.

[114] 庄鹏涛，周路平 . 建筑中的“褶皱”观念——德勒兹与褶皱建筑 [J]. 湖南理工学院学报（自然科学版），2014，27（02）：81-85.

[115] Grey Lynn. Folding in Architecture[M]. New York：John Wiley and Son，2004

[116] 顾鹏 . 折叠在现代建筑中的设计策略研究 [D]. 东南大学，2018.

[117] Vision’S Unfolding：Architecture in the age of ElectronicMedia

[118] Dehghan Y. A Visual analysis of Libeskinds architecture：description of selected built works[D]. MIDDLE EAST TECHNICAL UNIVERSITY，2018：76-78.

[119] daniel libeskind：eL chandelier for sawaya & moroni[J/OL]. https：//www.designboom.com/design/daniel-liebeskind-el-chandelier-for-sawaya-moroni，2012.

[120] Bonnet A. Mémoire de fin d'études：" Les relations entre les caractéristiques physiques des quartiers et les statistiques socio-économiques"[J]. 2018：54.

[121] Daniel Libeskind unveils Hampstead Maggie’s Centre designs[J/OL].https：//www.architectsjournal.co.uk/news/daniel-libeskind-unveils-hampstead-maggies-centre/10043623.

article?blocktitle=News-features&contentID=13634，2019.

[122] GERASIMOVA O，MELNIKOVA I. Podium landscape of residential zones[C]//IOP Conference Series：Materials Science and Engineering. 2018：3.

[123] 李冠告 . 晶体结构几何学基础 [M]. 天津：南开大学出版社，2000.

[124] nice cote dazur[Z].2019：1.

[125] 周凤仪，高峰 . 塞西尔·巴尔蒙德的“运动几何”构形简析——以维多利亚和阿尔伯特博物馆扩建项目为例 [J]. 新建筑，2015（03）：76-79.

[126] Studio Libeskind Tapped to Design Affordable Senior Housing in Brooklyn[J/OL].https：//www.metropolismag.com/architecture/libeskind-affordable-housing-brooklyn，2018.

[127] Daniel Libeskind’s latest residence is clad in self-cleaning，air-purifying tiles[J/OL]. https：//www.archpaper.com/2017/08/daniel-libeskinds-latest-residence-clad-self-cleaning-air-purifying-tiles/，2017.

[128] Alfred N W. Tscience and the modern world[M]. Free Press，1997：141.

[129] 18.36.54[J]. 城市环境设计，2014（Z1）：160-165.

[130] Choqueza Quispe A. Revitalización del centro urbano mediante un edificio híbrido en la ciudad de Moquegua-2018[J]. 2019：73.

[131] Libeskind unveils zero-emissions university building designed in collaboration with students[J/OL]. inhabitat.com/libeskind-completes-zero-emissions-university-building-with-help-from-students，2009.

[132] Libeskind e saporiti[J/OL].domusweb.it/it/notizie/2012/12/05/libeskind-e-saporiti.html，2012.

[133] Uluğ E. An investigation into the connotations of iconic buildings by using a semiotic model of architecture[J]. Social Semiotics，2020：9.

[134] 邹烈炎 . 解构主义设计 [M]. 南京：江苏美术出版社，2001，（8）：197.

[135] PETER Z，JEAN N. Architect：the pritzker prize laureates in their own words[J]. 2010：129 69.

[136] 刘杨 . 基于德勒兹哲学的当代建筑创作思想研究 [D]. 哈尔滨工业大学，2013：56.

[137] 편집부 . 스튜디오 다니엘 리베스킨트 [J]. 월간 컨셉，2012（160）：88-93.

[138] 李倩 . 日本当代建筑空间特性研究 [D]. 天津大学，2012.

[139] [德] 海德格尔，孙周兴 . 演讲与论文集 [M]. 北京：生活·读书·新知三联书店，2005.

[140] 陈琦，庄惟敏 . 空间的生产与消费：对当代建筑空间复杂性的解析 [J]. 新建筑，2011（03）：11-14.

[141] Gyorgy Kepes S. Giedion S. I. Hayakawa. Language of Vision[M]. P.Theobald，1944.

[142] 王盈盈，叶鹏 . 解读透明性 [J]. 中外建筑，2007（07）：59-61.

[143] 张杨 . 空间·场所·时间——建筑场的基本构成要素 [J]. 河北建筑工程学院学报，2000（02）：26-29.

[144] 唐炎潮 . 界面的消解——基于场所的建筑生成方法研究 [D]. 厦门大学，2006：20 64 69.

[145] Studio Libeskind’s anthropology museum evokes the stark forms of the Chilean desert [J/OL].https：//www.archpaper.com/2019/03/studio-libeskind-anthropology-museum-chile-stark-forms-desert，2019.

[146] 苏李 . 苏珊·朗格艺术理论中的音乐幻象理论研究 [D]. 广西师范大学，2007：34.

[147] 편집자 . 용산국제업무지구（YIBD）마스터플랜 설계 국제현상공모 [J]. 한국도시설계학회지 도시설계，2009，10（2）：200-213.

[148] daniel libeskind：academy of the jewish museum berlin[J/OL]. https：//www.designboom.com/architecture/daniel-libeskind-academy-of-the-jewish-museum-berlin，2012.

[149] daniel libeskind：jewish museum berlin academy[J/OL]. https：//www.designboom.com/architecture/daniel-libeskind-jewish-museum-berlin-academy，2010.

[150] Studio Libeskind reveals Ngaren，museum of human history in Kenya[J/OL].https：//www.archpaper.com/2019/05/ngaren-the-museum-of-humankind-studio-libeskind-kenya/，2019.

[151] Split Star[J/OL].https：//www.archpaper.com/2014/06/split-star/，2014.
[152] 王为为.《亚威农少女》视觉图像分析 [J]. 艺术研究，2019，000（002）：12-13.
[153]［美］苏珊．郎格．艺术问题 [M]. 北京：中国社会科学出版社，1983.
[154] 欧雄全，王蔚，高青，等．先锋建筑、解构空间——香港城市大学邵逸夫媒体创意中心的解读与思考 [J]. 中外建筑，2016，187（11）：24-29.
[155] 胡经之，伍蠡甫．西方文艺理论名著选编 [M]. 北京：北京大学出版社，1987：375.
[156] 李茗茜．解读柏林犹太人博物馆中霍夫曼花园 [J]. 华中建筑，2009，027（001）：45-47.
[157] 曾飞，王静．叠加与融合——恩里克·米拉利斯建筑中的场地 [J]. 城市建筑，2009，000（004）：98-100.
[158] STEVEN Holl. Anchoring，New York：Princeton Achitectural Press，1989，1991，9.
[159] 张彤．整体地区建筑 [M]. 南京：东南大学出版社，2003.4
[160] Hal Fr.（Post）Modern Polemics [J]. New German Critique，1984（33）：67-78.
[161] 刘先觉．现代建筑理论 [M]. 北京：中国建筑工业出版社，1999.42.
[162] TEERINK S E. Raakvlakken en identiteit：Over het landschapskunstbeleid en de–kunstwerken in Flevoland en Zuid-Holland[D].，2011：12.
[163] 陆扬，王毅．文化研究导论 [M]. 上海：复旦大学出版社，2006.
[164] 羊恂．象征与建筑创作 [D]. 重庆大学，2003.13.
[165]［英］G. 勃罗德彭特，等．符号、象征与建筑 [M]. 乐民成，等译．中国建筑工业出版社，1991：29.
[166] 郑时龄．建筑象征的符号学意义 [J]. 同济大学学报：社会科学版，1992（01）：1-5.
[167] daniel libeskind：ko-bogen dusseldorf under construction[J/OL]. https：//www.designboom.com/architecture/daniel-libeskind-ko-bogen-dusseldorf-under-construction，2013.
[168] https：//www.archdaily.com/802016/studio-libeskind-reveals-plans-for-holocaust-monument-of-names-in-amsterdam?ad_medium=widget&ad_name=navigation-next
[169] Daniel Libeskind，Pinnacle in collaborazione con Casalgrande Padana per Bologna Water Design 2013[J/OL]. https：//www.professionearchitetto.it/news/notizie/18192/Daniel-Libeskind-Pinnacle，2013.
[170] Time Space Existence：Architecture Biennial（Venice 2018）[M]. GAAF Publishing，2019：534.
[171] 李莹，Georges De Kinder，Hufton+Crow. 城市光芒 [J]. 建筑知识，2015，35（04）：6-13.
[172] https：//libeskind.com/work/verve/
[173] Szolomicki J，Golasz-Szolomicka H：Architectural and Structural Analysis of Selected Tall Buildings in Warsaw，Poland[J]. International Journal of Architectural and Environmental Engineering，2018：459.
[174] 王小玲．黄金街 44 号高层住宅，华沙，波兰 [J]. 世界建筑，2009（11）：92-95.
[175] THE WINGS SCULPTURES BY LIBESKIND AT EXPO 2015[J/OL]. https：//www.urdesignmag.com/art/2015/07/14/the-wings-sculptures-by-daniel-libeskind-for-expo-milano-2015，2015.
[176]［意］翁贝尔托·埃科．符号学与语言哲学 [M]. 王天清，译．天津：百苑文艺出版社，2006：4-7.
[177] Split Star[J]. The Architect's Newspaper，2014.
[178] JANET M，OPEN U. Language and literacy in social practice：a reader[M]. UK：Multilingual Matters，1994.
[179] KEPA K. Malinowski and pragmatics Claim making in the history of linguistics[J]. Journal of Pragmatics，2008（40）：1645-1660.
[180] 王南溟．观念之后：艺术与批评 [M]. 长沙：湖南美术出版社，2006，21 66.
[181] Studio Libeskind creates outdoor installation to honor liberation of Auschwitz [J/OL].https：//www.archpaper.com/2019/05/studio-libeskind-outdoor-installation-liberation-of-auschwitz/#gallery-0-

slide-3，2019.
[182] Liberation Route Europe's international hiking trail vectors of memory[Z].2019：16 18.
[183] MS St. Louis：The ship that was forced to return its passengers to the Holocaust[J/OL].https：// www.theglobeandmail.com/news/national/ms-st-louis-the-ship-that-was-forced-to-return-its-passengers-to-the-holocaust/article631236，2011.
[184] [英] 尼古拉斯·佩夫斯纳，等 . 反理性主义者与理性主义者 [M]. 邓敬，王俊，等译 . 北京：中国建筑工业出版社，2003，(12): 45.
[185] 万书元 . 当代西方建筑美学 [M]. 南京：东南大学出版社，2001，(7): 103.
[186] Avril Alba. The Memorial Ethics of Libeskind's Berlin Jewish Museum[J]. Holocaust Studies，2019，25（4）.
[187] 张鹏 . 解构主义叙事性博物馆 / 场的设计及潜力——基于丹尼尔·里勃斯金及彼得·埃森曼的建筑实例分析 [J]. 建筑师，2017（06）：84-90.
[188] Xanthi Tsiftsi. Libeskind and the Holocaust Metanarrative；from Discourse to Architecture[J]. Open Cultural Studies，2017，1（1）.
[189] 张程远 . 符号解构与知觉感受——李伯斯金犹太人博物馆新馆解读 [J]. 建筑与文化，2017（07）：20-21.
[190] Reeh，Henrik. Exposer l'architecture vide：Le Musée Juif de Berlin par Daniel Libeskind.[J]. Phàsis：European Journal of Philosophy.，2017.
[191] 刘和琴 . 李伯斯金解构主义建筑设计风格探究与运用——以柏林犹太人纪念博物馆为例 [J]. 景德镇学院学报，2016，31（06）：66-69.
[192] 丹尼尔·里伯斯金，李硕 . 当艺术遇见商业——专访专业组评委会主席：丹尼尔·里伯斯金 [J]. 城市环境设计，2016（05）：262.
[193] 丹尼尔·里伯斯金：绘画·城市·建筑（DNA）[J]. 城市环境设计，2015（Z2）：261-262.
[194] Chua，Geraldine. Daniel Libeskind's dragon-like Vanke Pavilion at 2015 Milan Expo cased in ruby red 3D tiles[J]. BPN，2015.
[195] 이다경，조자연 . 다니엘 리베스킨트 건축의 역동성에 적용된 상대적 균형감 [J]. 한국실내디자인학회 논문집，2015，24（1）.
[196] 彼得·埃森曼，范路 . 轴线的解构：丹尼尔·里伯斯金，犹太人博物馆，1989~1999 年 [J]. 建筑师，2015（01）：111-115.
[197] 송대호 . 다니엘 리베스킨트 건축의 음악적 공간 구성에 관한 연구 [J]. 한국산학기술학회 논문지，2015，16（1）.
[198] 彭礼孝，丹尼尔·里伯斯金 . 对话丹尼尔·里伯斯金 [J]. 城市环境设计，2014（12）：1.
[199] 丹尼尔·里伯斯金 . 建筑设计——构建未来的乌托邦 UED 专访 UIA- 霍普杯 2014 年国际大学生建筑设计竞赛评委会主席：丹尼尔·里伯斯金 [J]. 城市环境设计，2014（12）：29-30.
[200] Haldane，James. Interview：Daniel Libeskind[J]. The Architectural Review，2014，235（1407）.
[201] 韩苗 . 丹尼尔·里伯斯金：回顾、进程与未来 [J]. 城市环境设计，2014（Z1）：32-33.
[202] 钟善，康娟 . 绘画即研究——专访丹尼尔·里伯斯金 [J]. 城市环境设计，2014（Z1）：28-31.
[203] 杨昭明，张津悦 . 解读里伯斯金解构手法与场所精神的结合——以犹太博物馆为例 [J]. 城市建筑，2014（02）：214.
[204] 윤보라，양인모，권종욱 . 다니엘 리베스킨트의 초고층 복합개발 마스터플랜 프로젝트 비교연구 [J]. 대한건축학회 학술발표대회 논문집，2013，33（1）.
[205] 정태용 . 리베스킨트 초기 드로잉 작업의 실험적 특성에 관한 연구 [J]. 한국실내디자인학회 논문집，2013，22（1）.
[206] Hao Jiang，Si Jia Jiang. The Architecture of Daniel Libeskind's Jewish Museums[J]. Applied Mechanics and Materials，2012，1801.
[207] FEHMI D，NANCY J N. Conceptual diagrams in creative architectural practice：the case of Daniel Libeskind's Jewish Museum[J]. Architectural Research Quarterly，2012，16（1）.

[208] 张丹丹 . 建筑空间中的情感体验——丹尼尔 · 李伯斯金及柏林犹太人博物馆 [J]. 中外建筑，2012（06）：75-77.

[209] Daniel Libeskind realisiert ein neues Objekt in Dresden[J]. John Wiley & Sons，Ltd，2012，89（1）.

[210] Holt，Michael，Looby，Marissa. PROFILE DANIEL LIBESKIND[J]. Blueprint，2011.

[211] 정태용 . 펠릭스 누스바움 박물관의 건축 개념 구현 방식에 관한 연구 [J]. 한국실내디자인학회 논문집，2011，20（3）.

[212] Dawson，Layla. Daniel Libeskind，master of memorials，on the healing power of architecture[J]. The Architectural Review，2010，227（1359）.

[213] Anonymous. Architect Daniel Libeskind AG；Daniel Libeskind's Grand Canal Theatre to Open Tomorrow[J]. Telecommunications Weekly，2010.

[214] Anonymous. Curtain up in Dublin for Libeskind[J]. Building Design，2010.

[215] 谢建华 . 向丹尼尔 · 李布斯金致敬——读《破土：生活和建筑的冒险》[J]. 建筑技艺，2009（05）：26-27.

[216] Stamp，Jimmy. At the Opening of Libeskind's Contemporary Jewish Museum[J]. Architect，2008，97（9）.

[217] Gregory，Rob. LIBESKIND[J]. The Architectural Review，2008，223（1334）.

[218] 李潇茵 . 犹太人博物馆中的建筑非理性 [J]. 山西建筑，2007（24）：27-28.

[219] 안지혜，이동언 . 메를로 - 퐁티의 '살（flesh）' 로 본 다니엘 리베스킨트의 건축공간 [J]. JOURNAL OF THE ARCHITECTURAL INSTITUTE OF KOREA Planning & Design，2007，23（3）.

[220] Living with the architect（Daniel Libeskind）[J]. Ambit，2006（186）.

[221] Paul R. Jones. The Sociology of Architecture and the Politics of Building：The Discursive Construction of Ground Zero[J]. Sociology，2006，40（3）.

[222] 胡恒 . 观念的意义——里伯斯金在匡溪的几个教学案例 [J]. 建筑师，2005（06）：65-77.

[223] Eric Kligerman. Ghostly Demarcations：Translating Paul Celan's Poetics into Daniel Libeskind's Jewish Museum in Berlin[J]. The Germanic Review：Literature，Culture，Theory，2005，80（1）.

[224] 李世芬，陈学筠 . 建筑的非线性体验——利勃斯金的创作思想与手法 [J]. 华中建筑，2004（02）：21-22+31.

[225] 张岚 . 利伯斯金德与柏林犹太人博物馆 [J]. 上海文博论丛，2003（02）：76-79.

[226] Michal Kobialka. CIVIL SOCIETY AND THE SPACE OF RESISTANCE：TADEUSZ KANTOR'S AND DANIEL LIBESKIND'S TECHNOLOGY OF ANAMNESIS[J]. Traditional Dwellings and Settlements Review，2000，12（1）.

[227] James Edward Young. Daniel Libeskind's Jewish Museum in Berlin：The Uncanny Arts of Memorial Architecture[J]. Jewish Social Studies，2000，6（2）.

[228] Daniel Libeskind. Daniel Libeskind[J]. ANY：Architecture New York，1996（90）.

[229] Response to Daniel Libeskind[J]. Research in Phenomenology，1992，22.

[230] Raoul Bunschoten. WOR（L）DS OF DANIEL LIBESKIND. Daniel Libeskind：Theatrum Mundi/ Three Lessons in Architecture[J]. AA Files，1985（10）.

附录 1

丹尼尔·李伯斯金作品年表

已实施作品：

1989—2001 Jewish Museum Berlin，Berlin，Germany
柏林犹太博物馆，柏林，德国

1992 Garden of Love and Fire，Almere，Netherlands
爱与火的花园，阿尔梅勒，荷兰

1995—1998 Felix Nussbaum Haus，Osnabrück，Germany
努斯鲍姆美术馆，欧斯纳布吕克，德国

1996—2002 V&A Museum Extension，London，England
维多利亚·阿尔伯特博物馆扩建，伦敦，英国

1997—2001 Imperial War Museum North，Manchester，United Kingdom
帝国战争博物馆北馆，曼彻斯特，英国

1998—2008 Contemporary Jewish Museum，San Francisco，California，USA
当代犹太人博物馆，圣弗朗西斯科，加利福尼亚州，美国

2000—2003 Studio Weil，Majorca，Spain
芭芭拉·魏尔工作室，马约卡岛，西班牙

2000—2006 Extension to the Denver Art Museum，Frederic C. Hamilton Building，Denver，Colorado
丹佛美术馆新馆，丹佛，科罗拉多州

2000—2006 Denver Art Museum Residences，Denver，Colorado，USA
丹佛美术馆附属住宅楼，丹佛，科罗拉多州，美国

2000—2008 Westside Shopping and Leisure Centre，Bern，Switzerland
西部购物休闲中心，伯尔尼，瑞士

2001—2003 Danish Jewish Museum，Copenhagen，Denmark
丹麦犹太人博物馆，哥本哈根，丹麦

2001—2004 London Metropolitan University Graduate Centre，London，United Kingdom
伦敦都市大学研究生中心，伦敦，英国

2001—2005 The Wohl Centre，Ramat-Gan，Israel

巴尔—伊兰大学会议中心新馆，拉马丹市，以色列

2001—2011 Military History Museum，Dresden，Germany

军事历史博物馆扩建，德累斯顿，德国

2002—2007 Michael Lee-Chin Crystal，Royal Ontario Museum，Toronto，Ontario，Canada

皇家安大略博物馆扩建，多伦多，加拿大

2002—2010 The Run Run Shaw Creative Media Centre，Hong Kong，China

城市大学创作媒体中心，香港，中国

2003—2005 Tangent Façade，Seoul，South Korea

现代发展有限公司正立面的改建，首尔，韩国

2004—2005 Memoria e Luce，9/11 Memorial，Padua，Italy

卢斯“9·11”备忘录，帕多瓦，意大利

2004—2007 Glass Courtyard，Jewish Museum Berlin，Berlin，Germany

柏林犹太人博物馆玻璃花园，柏林，德国

2004—2008 The Ascent at Roebling's Bridge，Covington，Kentucky，USA

罗布林之桥住宅楼，柯芬顿市，肯塔基州，美国

2004—2010 Bord Gáis Energy Theatre and Grand Canal Commercial Development，Dublin，Ireland

爱尔兰都柏林大运河广场剧院，都柏林，爱尔兰

2004—2013 Citylife Residences，Milan，Italy

Citylife 住宅，米兰，意大利

2005—2009 Crystals at Citycenter，MGM MIRAGE CityCenter，Las Vegas，Nevada，USA

城市中心的水晶，米高梅公司幻想城市中心，拉斯维加斯，洛杉矶，美国

2005—2016 L Tower & Sony Centre，Toronto，Canada

L 塔索尼表演艺术中心，多伦多，加拿大

2005—2017 Zlota 44，Warsaw，Poland

Zlota 44 超高层住宅楼，华沙，波兰

2006—2011 Haeundae Udong Hyundai I'Park，Busan，South Korea

海云台沙滩现代汽车软件工业园，釜山，韩国

2006—2011 Reflections at Keppel Bay，Keppel Bay，Singapore

	吉宝湾映水苑住宅，吉宝湾，新加坡
2007—2010	18.36.54，Connecticut，USA 18.36.54 住宅，康涅狄格州，美国
2008—2014	Magnet，Tirana，Albania Magnet 住宅楼，地拉那，阿尔巴尼亚
2009	The Villa-Libeskind Signature，Datteln，Germany Villa——李伯斯金签名系列，达特林，德国
2010	Jerusalem Oriya，Jerusalem，Israel Jerusalem Oriya 塔楼，耶路撒冷，以色列
2011	Cabinn Metro Hotel，Copenhagen，Denmark 卡宾地铁酒店，哥本哈根，丹麦
2011	Extension to the Felix Nussbaum Haus，Osnabrück，Germany 努斯鲍姆美术馆扩建，欧斯纳布吕克，德国
2012	In-Between Spaces，Academy of the Jewish Museum Berlin in the ERIC F. Ross Building，Berlin，Germany 空间之间，柏林犹太博物馆学院埃里克·罗斯大楼，柏林，德国
2012—2013	Collezionare IL Novecento. Claudia Gian Ferrari Collezionare，Gallerista e Storica Dell'arte，Museo del 900，Milan，Italy 900 博物馆，米兰，意大利
2013	Kö-Bogen Düsseldorf，Düsseldorf，Germany 杜塞尔多夫 Kö-Bogen 商业中心，杜塞尔多夫，德国
2013—2018	Museum of Zhang Zhidong，Wuhan，China 张之洞与武汉博物馆，武汉，中国
2014	Ohio Statehouse Holocaust Memorial，Columbus，Ohio，USA 俄亥俄州州议会大厦大屠杀纪念馆，哥伦布市，俄亥俄州，美国
2015	Centre De Congrès à Mons，Mons，Belgium 蒙斯中央会议中心，蒙斯，比利时
2015	Vitra，São Paulo，Brazil Vitra，圣保罗，巴西
2015	Vanke Pavilion，Milan，Italy 米兰世博会万科企业展馆，米兰，意大利
2016	Corals at Keppel Bay，Singapore

	吉宝湾丽珊景住宅，新加坡
2016	Ogden Center for Fundamental Physics at Durham University，Durham，United Kingdom
	英国杜伦大学的奥格登中心，达勒姆，英国
2017	Forum at Leuphana University，Lüneburg，Germany
	吕讷堡大学科研楼，吕讷堡，德国
2017	National Holocaust Monument，Ottawa，Canada
	国家大屠杀纪念碑，渥太华，加拿大
2017	Sapphire，Berlin，Germany
	Sapphire 住宅楼，柏林，加拿大
2018	MO Modern Art Museum，Vilnius，Lithuania
	MO 现代美术馆，维尔纽斯，立陶宛

重要工程：

2003— Memory Foundations，World Trade Center Master Plan，New York，USA
纽约世界贸易中心的重建方案，纽约，美国

2004—2023 Citylife Master Plan，Milan，Italy
Citylife 总体规划，米兰，意大利

2008— Harmony Tower，Seoul，South Korea
和谐之塔，首尔，韩国

2008— Dancing Towers，Seoul，South Korea
舞动的塔楼，首尔，韩国

2008— Archipelago 21，Yongsan International Business District，Seoul，South Korea
21 群岛——韩国首尔的 Yongsan 国际商业区总体规划，首尔，韩国

2009— Kurdistan Museum，Erbil，IraqIn
伊拉克库尔德文化博物馆，埃尔比勒，伊拉克

2010— Crown Central Deck and Arena，Tampere，Finland
芬兰坦佩雷竞技场，坦佩雷，芬兰

2012— Lotte Mall Songdo & Officetel，Songdo，South Korea
松多乐天商场和办公楼，松多，韩国

2012— New York Tower，New York，USA
纽约塔，纽约，美国

2013—2021 Century Spire，Manila，Philippines
世纪尖塔，马尼拉，菲律宾

2013— Dutch Holocaust Memorial of Names，Amsterdam，Netherlands
荷兰大屠杀纪念馆，阿姆斯特丹，荷兰

2014— Downtown Tower，Vilnius，Lithuania
市中心塔，维尔纽斯，立陶宛

2015— Kodrina Master Plan，Pristina，Kosovo

	科德里纳总体规划，普里什蒂纳，科索沃
2017—2020	Citylife，PWC Tower，Milano，Italy 普华永道大厦，米兰，意大利
2017—	Verve，Frankfurt，Germany Verve 住宅别墅，法兰克福，德国
2017—	Occitanie Tower，Toulouse，France Occitanie 塔楼，图卢兹，法国
2017—	Freeport Senior Housing，Long Islang，New York Freeport Senior 住宅，长岛，纽约
2017—2020	Iconic：East Thiers Station，Nice，France Thiers-East 站交通枢纽，尼斯，法国
2018—2023	Atrium at Sumner，Brooklyn，New York 萨姆纳住宅楼，布鲁克林，纽约
2018—	Midtown West，Dertoit，Michigan 中西部住宅区，底特律，密歇根州
2019—	Museo Regional De Tarapaca，Iquique，Chile 塔拉帕卡地区博物馆，伊基克，智利
2019—	Maggie’s Centre，London，United Kingdom 玛吉癌症关怀中心，伦敦，英国
2019—2024	Ngaren，Kenya 人类历史博物馆，肯尼亚

其他方案：

1979 Micromegas，Drawings

“微显微”系列研究

1979—1981 Collage Rebus

“拼贴画迷”系列研究

1982—1983 Chamber Works，Drawings

“室内乐”系列研究

1985 Three Lessons in Aechitecture：The Machines，Cranbrook Academy of Art，Michigan，USA

关于建筑的三堂课：机器，克兰布鲁克艺术学院，密歇根州，美国

1985 Theatrum Mundi，Drawings

世界剧场

1986 “House without Walls” at Milano Triennale

米兰国际美术馆计划的“无壁屋”

1987 Berlin City Edge Composition

柏林“城市·边缘”设计竞赛

1991 Potsdamerplatz，Berlin，Germany

波茨坦广场重新设计设计方案，Berlin，Germany

1994 Solo Exhibition “Major Silence” at Gallery MA

艺术画廊展览会“富饶的沉默”

1994 Traces of the Unbroken，Alexanderplatz，Berlin，Germany

未被打破的痕迹，亚历山大广场竞赛设计方案，柏林，德国

1995 Moskau-Berlin，Berlin-Moskau，Gropius Bau，Berlin，Germany

莫斯科—柏林—莫斯科，格罗皮乌斯堡，柏林，德国

1995 Landsberger Allee，Berlin，Städtebaulicher

兰兹贝格林荫道，东柏林，兰兹贝格

1997 Outside Line，Uozu，Japan

外线装置，鱼津市，日本

2001	Tristan und Isolde，Salzburg，Austria 奥地利萨尔茨堡 Tristan und Isolde 歌剧舞台布景和服装设计
2002	Saint Francis of Assisi，Berlin，Germany 柏林《圣弗兰索瓦斯的终审》歌剧的舞台设计
2003	The Agonic Line of Architecture，Hiroshima Museum of Contemporary Art，Japan 建筑的无偏线，广岛当代艺术博物馆，日本
2006	Gazprom Headquarters，ST.Petersburg，Russia 俄罗斯天然气工业城的设计方案，圣彼得堡，俄罗斯
2007	Spirit House Chair，Nienkämper Furniture & Accessories Inc 灵魂屋之椅，Nienkämper 家具和配件
2008	Tour Signal，La Defense，Paris 巴黎国防部信号塔设计竞赛
2002—2007	Royal Ontario Museum Chandelier，Toronto，Canada 树枝状装饰灯，皇家安大略博物馆，多伦多，加拿大
2005—2008	The Schimmel Piano，Braunschweig，Germany 希米尔钢琴，布伦斯维克，德国
2008	Hermitage-Guggenheim Vilnius Museum，Vilnius，Lithuania 立陶宛古根海姆博物馆竞赛，维尔纽斯，立陶宛
2009	Tea Set，Sawaya & Moroni 茶具
2011	EL，Zumtobel/Sawaya & Moroni EL 枝形吊灯
2011	The Wheel of Conscience，Halifax，Canada 良心齿轮，哈利法克斯，加拿大
2011	Sonnets in Babylon 诗意巴比伦装置
2011	Nina & Denver Door Handles，Olivari Nina & Denver 门把手
2013	Fractile，Casalgrande Padana 分位数炻瓷砖系列，帕多纳足球俱乐部
2013	Pinnacle，Bologna Water Design，Italy

	Pinnacle，博洛尼亚水设计，意大利
2013	Anatomy of Architecture，Bologna，Italy
	建筑解剖学装置，博洛尼亚，意大利
2013	Beyond the Wall—Interni Installation，Milan，Italy
	Beyond the Wall—Interni Installation，米兰，意大利
2014	Beyond the Wall，Almeria，Spain
	Beyond the Wall 装置，阿尔梅里亚省，西班牙
2014	Counting the Rice，Moroso
	“数米”桌子，Moroso 家具
2015	The Crown，Casalgrande，Italy
	“皇冠”装置，意大利
2015	The Wings，Milan，Italy
	翅膀，米兰，意大利
2016	Water Tower，Alessi
	水塔
2016	Gemma Collection，Moroso
	Gemma 系列，Moroso 家具
2016	Musical Labyrinth，One Day in Life，Frankfurt，Germany
	“音乐迷宫”装置，法兰克福，德国
2016	Swarovski Chess Set，Swarovski
	施华洛世奇国际象棋套装，施华洛世奇
2017—	Cordoba，Slamp
	Cordoba 灯具
2017	Table，Citco
	Table 桌子
2018	Hera Collection，Azzurra
	Hera 系列家具
2018	Swarovski Star and Kiosk，New York，New York
	施华洛世奇星和售货亭，纽约州，纽约
2018—	Vectors，Liberation Route，Berlin，Germany
	向量，解放路线，柏林，德国
2018	“Elemental” Collection，David Gill Gallery

	“元素”系列家具，David Gill 画廊
2018	Facing Gaia，Venice，Italy
	Facing Gaia 装置，威尼斯，意大利
2019	Boaz Chair，Wilde + Spieth
	Boaz 椅子
2019	Edge，Turri
	Edge 办公桌
2019	The Garden of Earthly Worries，Apeldoorn，Netherlands
	尘世烦恼之园，阿珀尔多伦，荷兰
2019	Through the Lens of Faith，Oświęcim，Poland
	透过信仰的镜头，奥斯威辛，波兰

附录 2

丹尼尔·李伯斯金所获荣誉与奖项

1970	纽约市美国建筑师协会优秀设计奖 New York City American Institute of Architects Award for Design Excellence
1970	美国建筑师协会最高学术成就奖 American Institute of Architects Medal for Highest Scholastic Achievement
1970	格雷哈姆基金会旅行奖 Graham Foundation Award for Travel
1972	建筑与城市研究所授予的科研基金奖金 Institute of Architecture and Urban Studies Research Grant
1973	皇家安大略教育研究所授予的教育研究奖金 Ontario Institute for Studies in Education Research Grant
1976	美国肯塔基大学终身荣誉教师 University of Kentucky Award for Best Teacher
1979	美国斯坎迪纳亚社会旅游奖 United States—Scandinavia Society Travel Award
1979	获美国制图艺术研究所授予的杰出表彰奖 American Institute of Graphic Arts Certificate of Excellence
1983	格雷厄姆基金会建筑研究奖学金 Graham Foundation Fellowship for Studies in Architecture
1984	获库柏联盟董事局主席授予的杰出优秀校友奖 The Cooper Union Distinguished Alumni Award presented by the President and the Board of Trustees
1985	Palmanova 项目获威尼斯 Biennale 金狮头奖 Venice Biennale First Prize Stone Lion Award for the Palmanova Project
1985	资深 Fulbright-Hayes 教学奖学金 Senior Fulbright-Hayes Teaching Fellowship
1986	获 Forty Under Forty 授予的建筑师奖 Forty Under Forty Award for Architects
1986	获 Pratt 授予的杰出建筑代表奖 Pratt Institute Award for Representation in Architecture
1987	柏林“城市·边缘”I.B.A. 建筑竞赛一等奖

First Prize I.B.A. Building Competition City Edge，Berlin

1988　美国加州洛杉矶市盖蒂中心艺术历史与人文科学中心访问学者

Visiting Getty Scholar，The Getty Centre for the History of Art and the Humanities，Los Angeles，California，United States

1989　美国加州洛杉矶市盖蒂中心艺术历史与人文科学中心资深学者

Senior Scholar，The Getty Centre for the History of Art and the Humanities，Los Angeles，California，United States

1990　欧洲艺术与文学荣誉成员

A membership to the European Arts and Letters

1990　Akademie der Kunst 荣誉成员

Akademie der Kunst Member

1992　获 Augustus St. Gaudens 授予的建筑杰出贡献奖

Augustus St. Gaudens Medal for Outstanding Contribution to Architecture

1992　德国出版委员会书本设计奖

Book Design Award from the German Publisher's Commission

1993　选举为德国柏林 Akademie der Kunste 学会建筑奖

Elected to the Akademie der Kunste，Berlin，Germany

1996　选举为美国艺术文化学会建筑奖

Elected to the American Academy of Arts and Letters，New York

1996　获德国柏林 Bild Zeitung Kulturpreis 奖（柏林文化奖）

Awarded Bild Zeitung Kulturpreis（Berlin Cultural Prize），Berlin，Germany

1996　获德国博物馆主管联盟授予的最佳展览中心一等奖

First prize for Best Exhibition by the German Museum Directors Association

1997　获德国柏林 Humboldt Universität 大学哲学学院客座教授

Awarded Honorary Doctorate，from Humboldt Universität Berlin，Faculty of Philosophy，Berlin，Germany

1998　美国纽约波兰领事馆授予的文化奖

Polish Consulate of New York，Award for Culture，New York，United States

1998　柏林犹太博物馆获 1998 年度艺术国际论坛最佳杰作奖
Art forum International，The Best of 1998，The Jewish Museum Berlin

1998　欧斯纳布吕克努斯包姆美术馆获 1998 年度时代杂志最佳杰作奖
TIME Magazine，The Best of 1998 Design Awards，The Felix Nussbaum Museum Osnabruck

1999　获英国埃塞克斯大学艺术与人文科学学院客座教授
Honorary Doctorate for the College of Arts and Humanities，Essex University，England

1999　柏林犹太博物获德国建筑奖
The German Architecture Prize，The Jewish Museum Berlin

2000　获德国歌德研究中心授予的文化贡献歌德勋章
The Goethe Medal for cultural contribution，the Goethe Institute，Germany

2001　因促进国际文化交流及世界和平而获得的广岛艺术大奖
Hiroshima Art Prize：Award given to an artist whose work promotes peace

2002　获芝加哥 DePaul 大学艺术与科学学院客座教授
Awarded Honorary Doctorate Faculty of Arts and Sciences，DePaul University，Chicago

2002　获苏格兰爱丁堡大学社会科学学院客座教授
Awarded Honorary Doctorate Faculty of Social Sciences，Edinburgh University，Scotland

2002　获美国－以色列文化基金奖
America-Israeli Cultural Foundation Award

2003　曼彻斯特帝国战争博物馆获英国建造工业年度建筑奖
Building of the Year，British Construction Industry for Imperial War Museum North

2003　获纽约 Interfaith 中心授予的 Interfaith Visionary 奖
Interfaith Visionary Award，Interfaith Center，New York City

2003　获纽约 Leo Baeck Institute 奖
Leo Baeck Institute Award，New York City

2003　获纽约联盟为新美国人授予的光荣火炬奖

	New York Association for New Americans，Torch of Honor Award
2003	获英国伦敦大屠杀教育意义责任奖 The Holocaust Educational Trust Award，London，England
2003	获美国－以色列文化基金 Aviv 奖 The American-Israel Cultural Foundation Aviv Award，New York City
2003	获英国伦敦皇家艺术学院授予的荣誉院士称号 Honorary Royal Academician of the Royal Academy of Arts，London，England
2004	获哥本哈根的文化基金会杰出建筑奖 Board of the Cultural Foundation of the Borough of Copenhagen，Recognition of Exceptional Architecture
2004	英国伦敦皇家艺术学院授予的荣誉成员 Honorary member of the Royal Academy of Arts，London，England
2004	曼彻斯特帝国战争博物馆获 2004 年度 RIBA 奖 RIBA（Royal Institute of British Architects）Award，2004，for Imperial War Museum North
2004	伦敦都市大学研究生中心获 2004 年度 RIBA 奖 RIBA Award，2004，for London Metropolitan University Graduate Centre
2004	获美国国务院授予的美国第一文化大使称号 The First Cultural Ambassador to the US for Architecture by the U.S. Department of State，as part of the Culture Connect program
2004	多伦多大学艺术与人文科学学院授予的法学博士学位 Awarded Honorary Doctorate，Doctor of Laws，honoris caUnited States from the College of Arts and Humanities，University of Toronto，Ontario，Canada
2004	世贸中心重建方案获纽约医学学院授予的公众健康贡献奖 The New York Academy of Medicine，Honor for visionary Leaders contributions to public health，for World Trade Center Design，New York City
2004	获第 36 届城市艺术年度 Benefit 荣誉奖 CITY arts 36th Annual Honor

2004　获新泽西州美国 Ghetto Fighters 博物馆授予的荣誉 Korczak 奖

Honorary Korczak Award，American Friends of the Ghetto Fighters' Museum，New Jersey

2004　获美国城市大学技术基金授予的纽约最佳建筑奖

Best of New York Award，for the 'Building of New York'，Hosted by the New York City College of Technology Foundation，New York

2004　获以色列 Tel Aviv 美术馆授予的年度人物称号

Man of the Year Award from the Tel Aviv Museum of Art，Israel

2004　获纽约库帕联盟授予的城市幻想建筑奖

The Cooper Union，Urban Visionary Award for Architecture，New York City

2004　获纽约 Yivo 研究所授予的犹太"Lifetime Achievement"大奖

Yivo Institute for Jewish Research "Lifetime Achievement" Award，New York City

2004　获纽约犹太地域研究所希伯来联盟大学 Dr. Bernard Heller 奖

Dr. Bernard Heller Prize from the Hebrew Union College，Jewish Institute of Religion，New York City

2005　伦敦都市大学研究生中心获皇家艺术学院授予的年度建筑奖

Royal Fine Arts Commission Trust，Building of the Year Award，Jeu D'Esprit，for London Metropolitan University

2005　因丹麦犹太人博物馆获美国建筑师奖

American Architect Award，for the Danish Jewish Museum

2005　由 Hearst Corporation and House Beautiful 授予的设计大奖

Giants of Design Award，The Hearst Corporation and House Beautiful

2006　以色列巴尔—伊兰大学会议中心新馆获 RIBA 国际大奖

RIBA International Award，for the Wohl Centre at Bar-Ilan University，Israel

2007　获德国 Consul General 居民荣誉勋章

The Commander's cross of the Order of Merit at the Residence of the Consul General of Germany

2007　获国家艺术俱乐部建筑金奖

Gold medal for Architecture at the National Arts Club

2007　获第二届 Penn State IAH 促进艺术与人文科学进步杰出贡献奖
The Second Penn State IAH Medal for Distinguished Contributions to the Public Advancement of Arts and Humanities，PA，United States

2007　曼彻斯特帝国战争博物获年度吸引游客景点银奖
Silver Award for “Large Visitor Attraction of the year” for the Imperial War Museum North

2007　加拿大多伦多的皇家安大略博物馆获钢设计革新荣誉奖
Award of Merit for innovative steel design for the Royal Ontario Museum，Canada

2007　丹佛美术馆住宅楼获多户型家居荣誉奖
Merit Award for Multifamily for “The Museum Residences”，Denver，Colorado，United States

2007　丹佛艺术博物馆的扩建获美国钢结构学会（AISC）2007 年“钢结构工程与建筑创新设计奖”（IDEAS2）颁发的总统卓越奖
Presidential Award of Excellence from the American Institute of Steel Construction—AISC’s 2007 Innovative Design in Engineering and Architecture with Structural Steel（IDEAS2）Awards for Extension to the Denver Art Museum

2007　布拉格国家剧院获欧洲 Trebbia 文化奖
Trebbia European Award Laureates，Prague State Opera，Prague

2008　华沙 Zlota 44 超高层楼获 2008 年度 CNBC 建筑财产奖
CNBC Europe & Africa Property Awards 2008 in categories of Architecture，Redevelopment，High-Rise Architecture and High-Rise Development to ORCO Property Group for Zlota 44

2008　柯芬顿市罗布林之桥住宅楼获年度建筑大奖
Annual Project of the Year Award given to the Midland Engineering Company for the Ascent at Roebling’s Bridge

2008　当代犹太博物馆获美国房地产建设与评论奖
Building of America Award by Real Estate Construction and Review，for Contemporary Jewish Museum，USA

2008　吉宝湾映水苑住宅获新加坡建筑及建筑管理局 BCA 绿色标志金奖
BCA Green Mark Gold Award for Reflections at Keppel Bay

2008 丹佛美术馆住宅楼获 CNBC 美洲地产奖——最佳发展类

CNBC Americas Property Awards of Best Development category for Denver Art Museum Residences

2008 丹佛美术馆住宅楼获美国建筑师学会荣誉奖

The American Institute of Architects Award of Honor for Denver Art Museum Residences

2009 吉宝湾映水苑住宅获 CNBC 亚洲地产奖最佳高层发展奖

CNBC Asia Property Awards Best High Rise Development for Reflections at Keppel Bay

2009 当代犹太博物馆获美国土木工程师协会（ASCE）颁发的杰出项目奖

Outstanding Project Award from the American Society of Civil Engineers（ASCE）for Contemporary Jewish Museum

2010 爱尔兰都柏林大运河广场剧院获 IAA 年度奖

IAA Annual Prize for Grand Canal Square Theatre and Commercial Development

2010 西部购物休闲中心获最佳房地产奖

Prime Property Award for Westside Shopping and Leisure Centre

2011 城市大学创作媒体中心获香港建筑师学会年度奖——优异奖

HKIA Annual Awards- Merit Award for Creative Media Centre

2012 获第 9 届阿联酋航空玻璃 LEAF

BCA Design & Engineering Safety Excellence Awards，Merit – Building and Construction Authority of Singapore for Reflections at Keppel Bay

2012 吉宝湾映水苑住宅获新加坡建筑施工局建筑设计与工程安全优秀奖

BCA Design & Engineering Safety Excellence Awards，Merit – Building and Construction Authority of Singapore for Reflections at Keppel Bay

2012 军事历史博物馆获欧洲国际房地产奖——最佳公共服务建筑

International Property Awards Europe – Best Public Service Architecture for Military History Museum

2012 拉马丹市将巴尔—伊兰大学会议中心新馆列入第一个保护建筑部门

名单
The City of Ramat-Gan has included the Wohl Center to their first list of the Conservation Buildings Department

2012 吉宝湾映水苑住宅获芝加哥雅典娜建筑设计博物馆和欧洲建筑艺术设计和城市研究中心颁发的国际建筑奖
The International Architecture Award，The Chicago Athenaeum：Museum of Architecture and Design and The European Centre for Architecture Art Design and Urban Studies for Reflections at Keppel Bay

2012 城市中心的水晶获国际购物中心理事会（ICSC）最佳设计作品
VIVA“Best-of-the-Best”designation by the International Council of Shopping Centers（ICSC）for Crystals at Citycenter

2012 城市大学创作媒体中心获 BEAM 白金奖，2012 最佳机构奖
BEAM Platinum，2012 Best Institutional Trophy of the Perspective Award for The Run Run Shaw Creative Media Centre

2012 城市大学创作媒体中心获福建建设科学技术成就证书
Fujian Construction Science and Technology Achievement Certificate for The Run Run Shaw Creative Media Centre

2013 吉宝湾映水苑住宅获新加坡建筑及建筑管理局优秀建筑奖
Construction Excellence Award，Merit—Building and Construction Authority of Singapore，Reflections at Keppel Bay

2013 吉宝湾映水苑住宅获新加坡建筑及建筑管理局白金设计标志奖
Universal Design Mark Award，Platinum—Building and Construction Authority of Singapore，Reflections at Keppel Bay

2013 华沙 Zlota 44 超高层楼获布鲁塞尔欧洲经济社会委员会、波兰外交部和商业中心俱乐部颁发的欧洲奖章
European Medal awarded by the European Economic and Social Committee in Brussels，Polish Ministry of Foreign Affairs and Business Centre Club，Zlota 44

2013 军事历史博物馆扩建获欧洲博物馆学院奖（米切莱蒂奖）
Construction Excellence Award，Merit—Building and Construction Authority of Singapore for Military History Museum

2013	城市大学创作媒体中心获亚洲地产大奖——香港最佳公共服务建筑—5 颗星 Asia Property Award- Best Public Service Architecture in Hong Kong- 5 stars for The Run Run Shaw Creative Media Centre
2014	杜塞尔多夫 Kö-Bogen 商业中心获美国绿色建筑协会的 LEED 白金奖 US Green Building Council，LEED Platinum for Kö-Bogen Düsseldorf
2015	华沙 Zlota 44 超高层楼获欧洲房地产奖（开发）——最佳住宅开发（波兰），最佳住宅高层开发（波兰） European Property Awards（Development）—Best Residential Development（Poland），Best Residential High-Rise Development（Poland），Zlota 44
2015	华沙 Zlota 44 超高层楼获欧洲房地产奖（室内设计）——最佳公寓（波兰） European Property Awards（Interior Design）—Best Apartment（Poland）for Zlota 44
2015	杜塞尔多夫 Kö-Bogen 商业中心获德国国际汽车联合会优秀大奖赛银牌 FIABCI Prix d'Excellence Germany—Silver for Kö-Bogen Düsseldorf
2015	Vitra 获年度世界杂志评选的最佳住宅建筑之一 One of the Best Residential Buildings of the Year，Worth Magazine for Vitra
2016	Vitra 获世界建筑师 / 矢量工程评选的年度建筑第三名 Building of the Year，third place，World Architects/VectorWorks，Vitra
2016	英国杜伦大学的奥格登中心获达勒姆市信托建筑奖 City of Durham Trust Architectural Award for Ogden Center for Fundamental Physics at Durham University
2017	英国杜伦大学的奥格登中心获美国建筑师协会纽约州设计奖 AIA（American Institute of Architects）NY State Design Award for Fundamental Physics at Durham University
2017	英国杜伦大学的奥格登中心获 RIBA 东北地区奖

RIBA North East Regional Award for Fundamental Physics at Durham University

2017　L 塔索尼表演艺术中心获加拿大绿色建筑委员会 LEED 认证

Canada Green Building Council，LEED Certified for L Tower and Sony Centre for the Performing Arts Redevelopment

2017　国家大屠杀纪念碑获安大略混凝土奖，建筑硬景观奖

Ontario Concrete Awards，Architectural Hardscape Award for National Holocaust Monument

2018　国家大屠杀纪念碑获 AIANY（美国建筑师学会，纽约市分会）优秀奖

AIANY（American Institute of Architects，New York City chapter），Merit Award for National Holocaust Monument

2018　国家大屠杀纪念碑获建筑师报 2018 年度最佳设计奖，荣誉奖

Architect's Newspaper 2018 Best of Design Awards，Honorable Mention for National Holocaust Monument

2018　MO 现代美术馆获立陶宛建筑师协会，保存展览，最佳建筑奖

Architects Association of Lithuania，Žvilgsnis į save Exhibition，Best Architecture Award for MO Modern Art Museum

2018　纽约世界贸易中心的重建方案获城市人居奖

CTBUH Urban Habitat Award for Memory Foundations

2018　吉宝湾丽珊景住宅获芝加哥雅典娜国际建筑奖：建筑设计博物馆

International Architecture Award，Chicago Athenaeum：Museum of Architecture and Design for Corals at Keppel Bay

2018　MO 现代美术馆获最佳室内设计奖

Mano erdvė，Best Interior Project Award for MO Modern Art Museum

2018　Occitanie 塔楼获 MIPIM/ 建筑评论、未来项目奖、混合使用奖

MIPIM/The Architecture Review，Future Project Award，Mixed Use Commended Award for Occitanie Tower

2019　吉宝湾丽珊景住宅获新加坡建筑及建筑管理局住宅建筑类卓越建筑奖

Construction Excellence Award，Residential Buildings category—Building and Construction Authority of Singapore for Corals at Keppel

Bay

2019　国家大屠杀纪念碑获 IESNYC 流明奖

IESNYC Lumen Awards，Award of Merit for National Holocaust Monument

附注：本附录主要资料来自于丹尼尔·李伯斯金建筑事务所英文网站：

http：//www.daniel-libeskind.com

作品名称及奖项名称均为本文作者自译。